智斗没数帮

心心向荣 / 著　姜敏 / 绘

中信出版集团 | 北京

图书在版编目（CIP）数据

数学西游 . 智斗没数帮 / 心心向荣著 ; 姜敏绘 . --
北京 : 中信出版社 , 2022.6（2023.1 重印）
ISBN 978-7-5217-3749-3

Ⅰ . ①数… Ⅱ . ①心… ②姜… Ⅲ . ①数学－儿童读
物 Ⅳ . ① O1-49

中国版本图书馆 CIP 数据核字（2021）第 225497 号

数学西游 · 智斗没数帮

著　　者：心心向荣
绘　　者：姜敏
出版发行：中信出版集团股份有限公司
（北京市朝阳区惠新东街甲4号富盛大厦2座　邮编　100029）
承 印 者：北京中科印刷有限公司

开　　本：889mm × 1194mm　1/16　　印　　张：11.5　　字　　数：210千字
版　　次：2022年6月第1版　　印　　次：2023年1月第2次印刷
书　　号：ISBN 978-7-5217-3749-3
定　　价：34.00元

出　　品：中信儿童书店
图书策划：好奇岛
策划制作：萌阅文化
策划编辑：鲍芳　王怡　杜雪
责任编辑：鲍芳
营销编辑：中信童书营销中心
封面设计：姜婷
封面绘制：庞旺财
内文排版：黄茜雯

前情提要

上一册讲到师徒四人在去九九市的路上，唐僧被没数帮的超罗劫走了！为了救师父，三个徒弟与超罗展开了激烈的对决，最终成功救回师父。悟空在一个月明之夜，无意中进入九九纪念塔，学会了解应用题的秘诀，同时得知没数帮要在纪念活动上刺杀九九市的市长！千钧一发之际，师徒四人齐心协力，挫败了没数帮的刺杀阴谋，悟空还说他有办法抓住没数帮。他们能把没数帮一网打尽，让数学世界回归平静吗？

徒儿们，
注意了！
哈哈，我知道了！
哎哎，有了有了！
噢！老天！

目 录

一、绝密情报

悟空警惕地看看左右，确定房间里没有外人后，低声对警察局长说："我有个绝密情报，可以把没数帮一网打尽！"

局长顿时双眼一亮："什么情报？"

悟空说："这个周末，没数帮要在羊灰山上开个大会，所有人都参加！"

"啊？"局长激动地握起双拳，"这可太好了，谁都别想跑！哎……对了，你是怎么知道的？"

悟空神秘地笑笑，摆摆手："这就不能告诉你啦，不过情报肯定准确！"

这时唐僧插话道："羊灰山在哪里？"

局长说："出了市区，往东南方向，再走 10 千米就到了，那是个风景区，节假日时，有不少市民

会去游玩。”

唐僧掐指一算：“哎呀，今天是周四，明天就是周末了！”

沙僧急得直抓大腿：“时间好紧呀！”

局长挠挠头，发愁地说：“除了时间紧，还有一个问题……羊灰山很大，怎样才能找到他们呢？”

悟空说：“这个我知道，他们的老巢在山顶！你说得对，这座山很大，所以最好的方法是派大队警察，守住山下的交通要道，再派一小队人悄悄上山，抓住开会的人！”

警察局长想了想：“好，那我现在就回警局，组织一个最精干的特攻队！”说完转身就要走，悟空连忙拉住局长：“等等！”

局长回头问：“还有什么事？”

悟空说：“没数帮在山上设置了很多机关。特攻队的人要想顺利通过，既要能计算，又要会推理，有人能做到吗？”局长听完陷入了沉思，因为悟空说到了问题的关键：数学世界里的数都会计算，可推理能力很差，这是个明显的短板。局长皱着眉头，迟疑地问：“你的意思是……你们亲自去？”

“没错，就这么干！”悟空转头问八戒：“只要两三天就能给你报仇，你干，还是不干？”

八戒点点大脑袋，肯定地说：“干！”

悟空说：“好，那咱们一起去警察局，我这个队长得亲自挑选助手！”

这时大家才明白，悟空早打算好了——他要当队长。也难怪，去西天取经时，悟空始终是降妖除怪第一人，大家早已习惯——只要有事，悟空一定会冲在最前面。可是，他当队长，唐僧做什么呢？看唐僧阴沉着脸，三个徒弟都闭上了嘴。

在回去的路上，悟空实在忍不住，对唐僧说：“师父，杀鸡不用宰牛刀，这点儿小事，我们就能办，您只要在旁边指导就行！”

唐僧淡淡一笑：“我并不想当队长，我是担心你们能不能完成任务。”

悟空说："加法、减法，还有乘法，我们全都会，还能解应用题，有什么能难住我们？"他一边说，一边给自己竖起大拇指。

唐僧又想笑又想说，没想到竟然咳嗽起来："咳！咳！你们会除法吗？"

三个徒弟一起摇头，迷茫地问："除法是什么？"

唐僧说："算术国里有四则运算，就是加减乘除，不会除法，还想当特攻队队员？你们简直是……自投罗网！"

警察局长一边开车一边说："想学除法，我有个最快的方法，就是和除号原身交朋友！"

三个徒弟更加迷茫了："除号原身又是谁啊？"

局长说："除号原身是个剑客，他有个外号，叫'平均分'，因为他无论到哪里，都主张平均分配，每人都一样多，很多人认同这个观点……"

看着徒弟们越来越迷茫，唐僧解释道："除法是一种运算，除法的运算符号是除号。数学世界里，最初的数字和符号就叫原身。原身只有一个，他能变出无数分身，数学世界里的数字和符号，除了各种原身，都是分身。"

悟空问："这么说，除号原身就和加减号小姐妹一样？"

唐僧连连点头：“对呀！”

悟空问：“那乘号原身又在哪里？”

“当然在我们市！九九市有九九乘法表，他不在这里，还能在哪里？乘号原身是我市的著名企业家，他的翻倍集团，是本市的大企业！”局长说到这儿，却又轻轻叹了口气，“只可惜，乘号原身和除号原身本来是兄弟，现在却成了冤家。”

“为什么呢？”悟空问。

局长说：“性格不合呗！”

二、恶补除法

悟空更好奇了，问警察局长："乘号和除号各是什么性格啊？"

局长说："乘号原来是个马车夫，性格开朗，见谁都想谈合作，生意就越做越大。人们也叫他'翻倍强'。现在，他的翻倍集团的主营业务是劳务输出，向人间输出了大批乘号，挣了很多钱。"

悟空问："这个性格挺好啊，和谁都谈得来，怎么就和除号做不成兄弟呢？"

局长说："嗨！大圣您不知道，除号本来是个剑客，性格内向，又爱打抱不平，平时没有什么事可做，就教别人练剑，还不好意思收费，所以穷得叮当响。他还看不起乘号，总说'翻倍强'发的是不义之财。俩人的矛盾越来越大，见面就吵架。"

八戒说:“这样啊，那是没法做兄弟！”

车开到了警察局，局长把师徒四人领到一个小会议室后就匆忙离开了，说是去叫人。

悟空看房间里只有他们四人，就问唐僧:“师父，除法是什么？快给我们讲讲！”

唐僧说:“**乘法反过来就是除法，或者说，乘法的逆运算就是除法**。”

三个徒弟都摇摇头，表示听不懂。唐僧耐心地讲解道:“加法和减法互为逆运算。这个我讲过，你们没忘记吧？”

悟空说:“哦！没忘没忘，加和减就像来和去一样，正好相反！”

八戒说:“对了，你们说，如来佛祖会不会有个亲兄弟叫如去呢？”

悟空拍了八戒一下:“少打岔，听师父讲！”

沙僧插话道:“师父也说过，会做加法就会做减法，那会做乘法也就会做除法了？”

唐僧说:“对啊，因为它们互为逆运算！你们看，2乘以3得几？答案是6，这是乘法。要是反过来问：2乘以多少得6？要解答这个问题，就得用6除以2，这就是除法。”

沙僧小声念叨:“原来如此，除法是乘法的逆

运算！”

悟空问：“师父，那除号又是什么？”

唐僧说：“乘号是加号旋转一下，除号是减号上下各加一个点。”说着，他用手指蘸水，在桌子上写了一个 ÷，说：“这就是除号。”

沙僧说：“一边一个点，匀称！”

八戒说：“中间砍一刀，好比切西瓜！”

唐僧继续在 ÷ 两边写数，桌子上就有了“6÷2=3”的等式，他说：“这个等式念作6除以2等于3，这里的6是**被除数**，2是**除数**，3是**商**。”

三人一齐点点头，表示记住了。悟空又问：“那除法有什么用呢？”

唐僧说：“你们把这两个问题解决了，自然就明白除法的用处了。现在我有63块饼干，要分给7个人，每人分到几块？”

悟空边想边说：“与63和7有关的乘法口诀是……七九六十三，那反过来的算式就是63÷7，答案是9块！”

唐僧又问：“你有63个桃，要把它们放在盒子里，每个盒子放7个，需要几个盒子？”

“道理是一样的嘛，9盒！”悟空快速地回答。

“那现在，你们说除法有什么用？”唐僧笑眯眯地看着三个徒弟。

悟空点点头：“知道了，除法是分配时用的，怪不得除号原身是个剑客，他天天就分啊分，砍啊砍！”悟空边说边举手比画，一下比一下动作大，最后一下突然砍在八戒的身上，把八戒吓了一跳。

八戒很不高兴，说：“干什么啊，我正想事情呢！”

悟空逗他：“又想吃的呢？”

八戒说：“对啊，我问你，要是有6个桃，咱俩分，每人几个？”

悟空说：“6除以2，每人3个桃啊！”

“不对！我的饭量大，应该我4个，你2个，这样才合理！”八戒这么一说，悟空和沙僧都愣住了——这话好像也有道理啊！

沙僧瞪大了眼睛，说：“噢！老天，这除法……不行啊……”

唐僧看沙僧这样，哭笑不得：“难道你们忘了除法还有一个名字？”

悟空瞬间明白了:“对了，要平均分，除法必须平均分！”

八戒摊开双手，显出一副无辜的样子:“可我的饭量大，这谁都知道啊！”

唐僧说:“你饭量大，那是具体情况。**除法的核心就是要平均分**，要是不平均分，就不能用除法。”

八戒还不服气:“好，就按师父你说的，咱们平均分。可如果有7个桃，2个人分，用除法怎么算？”

三、原身的特点

八戒的本意是难为师父：7个桃，2个人，不能平均分，所以就不能用除法了。悟空和沙僧也以为这会把唐僧问住，可没想到，唐僧很从容地回答："2个人分7个桃，先把能分的平均分掉，就是每人3个桃，剩下1个嘛，就先不分了！"

说着，他在桌子上写下算式"7÷2=3……1"唐僧指着3后面的符号和1说："用除法算式表示，就是7除以2，商是3，余1，这个1叫余数。"

八戒瞪起双眼："不分了？真的不分了？那到底……给谁吃啊？"

唐僧笑了："其实你们都知道，要分这个桃，只要从中间切开就行。但是，怎样用数来表示一半，你们还没学，所以就先不分了。"

一说学东西，悟空就着急：“师父，怎么表示一半啊？快说说！”

唐僧说：“等你们学会了分数和小数，就可以把它分开了，现在先把它放在那儿做余数吧！”

八戒小声嘟哝：“好好的桃子不给吃，没天理！”

正说着呢，小会议室的门突然开了，局长走进来，后面还跟着十多个警察。这些人都人高马大，神色威严。

局长得意地说：“这是我挑选的特攻队队员，请唐长老和大圣检阅！”

唐僧扭头去看悟空，悟空掏出八戒的神奇墨镜，看了一圈后对局长说："总共12个人，乘号、除号、等号各2个，还有6个数？"

局长点点头："对！他们都身经百战，是警察中的精英！"

悟空却说："还是让他们回去吧！"

局长愣了："为什么？"

悟空不再说话，表情却很坚定。局长无奈，只好挥挥手，让众人先出去。

悟空看门关上后，摘下墨镜，对局长说："不让他们去，是不想让他们白白牺牲。原因你也知道：一个错误的等式，就能毁掉里面所有数和符号。你想想，万一有个等式需要3个同样的运算符号，岂不是会全军覆没？"

局长面露难色："那可怎么办？"

悟空扬扬下巴："特攻队需要原身，因为那几个最初的符号能变出无数分身，要多少有多少！"

局长顿时开了窍："哈哈，对啊！我赶紧派人去叫乘号和除号原身！"

悟空说："等号的原身呢？没他可不行，豆一样可是能变出等号的！"

局长有些着急："等号三兄弟，还有加减号小姐妹，早就不问世事，隐居在数字村里养老呢！"

唐僧说："那就把他们都接来吧！"

"好吧，我尽快安排……"局长又问，"对啦，数字的原身也需要吗？"

悟空说："数字嘛，10个太多，而且0是国王，来无影去无踪，想找到他也不容易。对了，我问你，上周是不是有3人因非法入境被你们拘留了？"

局长说："对，他们是字母，却冒充数字，拿着假护照来到九九市，被我们捉个正着，明天就要把他们驱逐出境——你怎么知道的？"

悟空眨眨眼："这是秘密，不能告诉你，数字原身不用接，人太多了更麻烦。你只要把拘留所的3个字母带来，我和他们谈谈就行。"

局长点点头，转身跑了出去。他发现，自己的大脑已经不够用了，就干脆全都听悟空的，这样还能节省时间。

没多久，局长满头大汗地跑进来："真巧！等号三兄弟正好在九九市，我也派车专门去接加减号小姐妹了。"他挥挥手，接着走进来4个人，其中一人是警察，另外三人身穿便服，神色慌张。

悟空马上明白，这三人是字母，于是板着脸问："你们就是a、b、c？"

三人点点头。悟空又问："你们来算术国要干什么？”

那个矮胖的人说：“我们就是好奇，来玩玩……”

“玩玩？玩需要伪造护照吗？其实我知道，是没数帮让你们来这里搞破坏，还说事成之后会给你们很多钱，对吧？”悟空对他们了如指掌。

三人同时抬头，脸上露出惊讶和恐慌的表情。

悟空接着说：“你们的计划我都知道。现在我们掌握的证据，足够让你们在监狱里待上几年。”

三人大惊失色，纷纷发出凄惨的声音：“不！”

四、组建特攻队

悟空见三个字母被吓得不轻，就说："现在有个好机会，就看你们愿不愿意了！只要帮我们抓住豆一样，就会释放你们，还给你们每人发个大奖章，授予'荣誉市民'称号。你们可以随时来九九市游玩，费用全免！怎么样？自己选吧！"

他们还能怎么办呢？只有答应悟空，争取戴罪立功。

此时，局长的脸已经拉得好长。等三个字母出门后，他问悟空："这些来路不明的人你也敢用？"

悟空嘿嘿一笑："你不知道，这三人有个共同的本事，在座的谁都不会。"

局长的脸拉得更长了："什么本事？我怎么不知道！"

悟空说："他们可以变身，成为任何数，有他们在，什么算式都难不倒我们！”

“还能这样？”局长很惊讶。

悟空说：“是啊，要不然，没数帮怎么会请他们来捣乱呢？”

局长的脸上有了笑容：“好吧，大圣，现在除了加减号小姐妹，其他人都到了，在外面等着呢！”

三分钟后，在大会议室里，等号紧握悟空的手，开心地说：“咱们终于可以一起战斗了！”在数字村时，他俩就最聊得来，今日再次相见，感觉更加亲切。

这时，一位中年大叔朝这边走来。他又矮又胖，身穿笔挺的西装，梳个油亮的大背头。他热情地拥

抱悟空，抱住就不松手，还不停地说："我就是乘号原身，你就叫我小强好了，咱们一定要合作，这才是真正的强强联合呢！和我合作，最大的好处就是能翻倍……"

悟空很不习惯被拥抱，却又不好拒绝，只好忍着，同时观察周围。他看到了大于号和小于号的原身，以及字母 a、b、c。还有一个人，又高又瘦，穿一身运动服，剃个小平头，站在那里不声不响。悟空想：他是除号原身？这兄弟俩差别真的好大！

这时局长大声说："请队长讲话！"乘号小强只好松开手，回到座位上。大家一起鼓掌，悟空不禁心中一动：又找到西天取经时降妖除怪后的感觉了！

"各位，特攻队就要进山战斗了，目标是消灭没数帮，抓住豆一样！任务很危险，所以我要和大家约法三章：第一要听命令，不许擅自行动；第二要团结，互相帮助；第三要尽力，把自己所有的本事都拿出来。怎么样，能做到吗？"悟空慷慨激昂地做动员。

所有人都大声说："能！"他们都恨没数帮，没有没数帮，数学世界很快乐；有了没数帮，数学世界很危险。

之后，大家就认真讨论怎样和警察配合、怎样上山、要带什么工具等各种问题。全都准备好后，特攻队就立刻坐上汽车，直奔羊灰山！

在车上，唐僧悄悄问悟空："那三个字母到底干了什么坏事？"

悟空笑道："他们是想干坏事，但还没干呢。其实我也没什么证据，可谁让他们心虚呢。"

唐僧不喜欢骗人，听了悟空的话生气了："你这淘气鬼，以后再不许这样！"

"好的，好的！"悟空连忙点头，虽然他不怕紧箍咒了，但依然尊重师父。

天色已黑，汽车悄悄开进山脚下的一个小院中，众人下了车。悟空的计划是：今晚先在这里休息，等明天加减号小姐妹到了，再一起行动。这么做，是为了不让没数帮发现，以免打草惊蛇。

夜深了，大家都睡了，悟空和沙僧却毫不松懈，反复练习除法——战斗前必须精心准备，这是他俩始终坚持的原则。

第二天清晨，又有一辆汽车悄悄开进小院：加减号小姐妹到了！与她们同行的还有四个人，有两人高大结实，剃着光头；还有两人又瘦又小，头戴钢盔。他们是谁呢？

加号姐姐先介绍高个子："这二位是几何国的大

法师，这位是平移，那位叫旋转。我们路过几何国时，正好遇见他们，就一起来了！”

唐僧说：“这二位不得了，是变化图形的高手。有了他们，才有了各种不同的图形。”

加号姐姐又介绍矮个子：“他们是括号，是算术国国王特意派来助战的。这位是左括号，那位是右括号。”

唐僧说：“这二位也不得了，他们能决定计算的顺序，权力很大！”

四人向众人抱拳行礼：“没数帮为非作歹，我们也来助一臂之力！”众人听后都很高兴，纷纷还礼。

悟空说：“既然人齐了，我就告诉你们一个惊天大秘密！”

五、惊天大秘密

什么大秘密，竟然能惊天？大家都很好奇，悟空却不慌不忙。他先领众人进屋，又拿出一张图纸，放在桌子上。图纸上画着一座山，山顶有一幢小楼，山上画着很多长方形的小格子。像用砖头砌墙一样，用这些小格子砌了一个大三角形。

悟空指着图纸说：“这就是羊灰山，从外表看，它是个普通的山包，但经过没数帮多年经营，其内部已被挖空，还修出很多房间。”他又指着那些

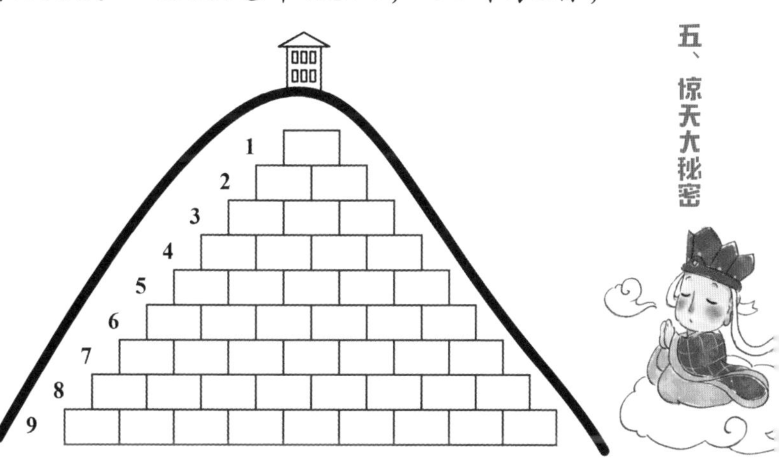

小长方形说：“这些方块就是房间，总共有45间。”

大家数了数，这些方块总共排了9层，最底层有9个，上面一层有8个，再往上依次是7个、6个、5个、4个、3个、2个、1个，加一加，还真是45个。

沙僧说：“房子在很多地方都可以建，他们为什么要挖空一座山呢？”

悟空说：“这是因为他们要隐藏起来，不想被人发现。”

八戒说：“盖一座楼，也可以隐藏啊！”

悟空说：“没数帮要隐藏的是一种机器，这机器很大。”

“什么机器啊？”乘号小强问。

悟空说：“据说这机器能从人间接收能量和信息，不断为没数帮制造新成员。”

“啊！”众人倒吸了一口凉气，原来如此！怪不得没数帮的人好像越来越多呢！这样下去，数学世界就真危险了——这真是个惊天大秘密！

乘号小强还不太相信：“你的意思是，羊灰山就是没数帮的基地?！”

“对，我们必须彻底摧毁这里，才能斩草除根！”悟空很确定地回答道。

大家都很激动，纷纷说：“对，一定要斩草除根！”“是啊，要不然，数学世界永无宁日！”“你就说吧，要我们怎么做？”

悟空说：“今天是周五，就在今晚，没数帮成员都会进入景区。他们会以旅游团的名义住在山顶的酒店里，明天上午九点在酒店里开会。这时，我们开始抓捕行动。”

沙僧问：“到底会来多少人呢？”

悟空说：“问得好，作战就要知己知彼。所以，我们得先搞清楚到底有多少人来开会。这个任务需要两人执行——隐蔽在交通要道，戴上神奇墨镜，观察进山的人。只要不是数和符号，十有八九就是没数帮的人。从现在到今晚 12 点，就能把人数统计出来。”

“这事我能干，交给我吧！”八戒这么积极，一来是想弥补自己的过失，二来是想要回自己的神奇墨镜。

悟空转头看唐僧，见唐僧微微点头，就说：“好吧，不过得给你派个助手。小于号，你和他一起吧！”小于号听后，笑着跑到八戒身边，二人开心地击掌。

其他人见状，都急切地看着悟空，希望能领到任务。

悟空又说：“大家别急，还有个任务更加艰巨。

我们要进入山的内部，把这些房间全控制住！”

沙僧不解地问：“今天就行动会不会打草惊蛇啊？”

八戒也说：“对呀，明天把他们全抓住后，再控制房间、捣毁机器也不迟嘛！”

悟空神秘地笑笑：“山顶那家酒店也是豆一样开的，酒店里有暗道通向山中的房间。如果我们明天直奔酒店，他们就会从暗道进入山里的房间，到时就麻烦了！”

沙僧还是不明白：“可是，我们把这座山全包围了，就算他们进了房间，早晚也得出来。出来一个，咱们就抓一个，怕什么？”

“关键的问题是，”悟空耐心解释，“我们根本不知道这些房间里有什么，万一有炸弹呢？万一有足够的粮食和水呢？万一还有暗道通向别处呢？”

悟空的计划真是周密呀！众人明白了，纷纷点头表示赞同。

八戒也明白了，就改了主意：“那我不统计了，我要和你们一起去！我就想把他们打得落花流水，解我心头之气！”他边说边往后腰摸，想拿出宝贝钉耙。

悟空严肃地说：“我们要悄悄进入并控制房间，

但不砸不毁。豆一样觉察不到，就能按时开会。到时，我们再来个包饺子，一锅端，就能全部消灭！所以，今天的行动，只能智取，不可强攻！”

八戒听了这话，是又瞪眼又晃脑袋，后悔领任务太早。沙僧赶紧说：“二师兄，等明天抓捕行动开始时，你再解气不迟！”

六、石碑之后

悟空的计划周密，众人没有意见。特攻队就按照计划行动起来。八戒和小于号去交通要道，观察和统计人数。其余人跟着悟空，沿着一条狭窄的小路向前奔去，最后停在一座石碑前。

这石碑有一人高，黑漆漆的，看上去很平常，可在它的正后方几步远的地方，有一块山岩。这山岩特别平整，简直像镜子一样，这就有点儿不平常了。

“要进入山中的房间，就得从这里进去。”悟空一边说，一边走到石碑前。他站稳马步，两手抓住石碑，右手向前用力，左手向后用力，逆时针转动石碑。只见，石碑连着底座竟然一齐转动起来！

神奇的事情出现了：石碑后山岩的下半部悄无声息地隐入地下。平整的山岩上露出一个半圆形的洞口，更神奇的是，这么大的变化竟然没有一丝声响。

等所有队员都进洞后，悟空松开双手，一个箭步，也跨了进去。那块能移动的山岩又无声无息地回到原位，洞口就这样消失了。原来，这山岩是一堵石墙，石墙上能移动的是石门，石门和墙严丝合缝，不仔细看，根本看不出来。

特攻队队员们进入洞中，发现里面别有一番天地。里面是一条巨大的通道，说巨大是因为通道很长，一眼望不到头；通道很宽，能并排走几辆马车；通道还很高。虽然是在山体里，但通道里空气新鲜，不冷不热，灯火通明，且寂静无声，既舒适又神秘。

悟空说：“嘿，这气派和九九纪念塔有一拼！”

沙僧说：“我现在知道没数帮为什么不盖楼了。”

加号姐姐说：“按照图纸，这里应该是最底层，有9个房间？”

悟空说：“对！”

于是众人沿着通道慢慢前行。走了一会儿，他们发现，在通道右侧有一个铁门，铁门上没有锁，也没有把手或按钮，只有一块牌子，上面写着“72÷8=□”。这是一道数学题，看上去很简单。

可是，没有笔，也没有显示屏，要怎么回答呢？大家都在想。

悟空问三个字母：“谁来变成9？”

字母a抢先说：“我！”说完他先退后两步，又冲着门跑过去。奇迹发生了，他在前进时变成了9，还迅速缩小并钻进牌子上的□里！

咣当！铁门打开了，房间里的灯也亮了。这时

字母 a 又从门上走下来，变回原样。大家都向他伸出大拇指：不但能变成数，还能变大变小，这本事可真牛！

这个房间很大，里面有个装满水的大池子，池中还有管道通往上层。悟空说：“没数帮用密码就能进入房间。咱们不知道密码，只有完成门牌上的任务，才能进入房间。”

任务进行得很顺利，乘号就编了个顺口溜：“没数帮，真没数，题简单，都会做，就这样，能拦谁？傻傻傻，太傻了！”

众人听了大笑。他们继续前进，走到第二个门前，发现门上的牌子写着“21 ÷ 8= □……△”，很显然，这还是要填数，但要填两个数，而且两个数应该不一样，因为一个是□，一个是△。

乘号小声说：“三八二十四，大了，不行，二八十六，还可以，嗯，□是 2，△是 21−16 的得数，那就是 5！嘿嘿，做除法不难，还得靠乘法！”除号听了，瞪了他几眼，没说话。

乘号接着对三个字母说：“上啊，你们还等什么呢！”

三个字母看他讲话没礼貌，就假装没听见，直到悟空说：“你们谁来变成 2 和 5？”字母 b 和 c 才

一齐说："我们来！"他俩一起向门冲去，b 变成了 2，c 变成了 5。和刚才一样顺利，门开了。这个房间和刚才的一样大，里面堆满了饼干。悟空对沙僧说："你看看，要是没数帮藏在这里，又有食物又有水，能待好多年！"

沙僧挠挠头："嗯，还是大师兄说得对。"

悟空说："要是八戒在就好了，能美美地吃上一顿。"

唐僧说："那可不一定，他现在变了，只想着打倒没数帮！"

走到第三个门时，乘号不念顺口溜了。原因很简单，牌子上的题——他不会做！

门上的牌子写着"17 ÷ □ = △……2"，这道题看着简单，可如果靠乘法口诀，还是难以完成。因为不知道除数是什么，再加上不会推理，乘号就不会计算了。不光是乘号不会，其他人也不会。

于是，众人的目光齐刷刷地落在了师徒三人身上。

七、除法的含义

悟空看着题目“17÷□=△……2”说：“这道题简单，只要一个一个地试除数，看余数是不是2就行了。”

说完他就开始口算：“如果除数是1，商就是17，余数是0，不对。除数是2，商是8，余数是17−16=1，也不对……”

沙僧也赶紧拿出本子，一边算一边念：“除数是3，三五十五，商是5，余数是17−15=2，对了对了，□是3，△是5！”

两个字母向门冲去，同时各变成3和5。只听叮的一声，门动了一下，却没有打开，两个字母也没有受伤。这说明算式没错，可是，为什么门没开呢？

悟空和沙僧紧盯着题目，不明白为什么门没开。

这时，从众人身后传来唐僧的声音："既然要试，就得把所有可能的数都试一遍才行。你们怎么能确定答案只有一个呢？"

悟空和沙僧的脸红了：师父说过多次，一题多解很正常。沙僧拿起本子，继续计算："如果除数是4，四四十六，商是4，余数是17−16=1，不对。如果除数是5，三五十五，余数是17−15=2，噢，老天！真的还有一个答案！"

悟空说："在第一个答案里，除数是3，商是5；在第二个答案里，除数是5，商是3？"

沙僧直拍大腿："对啊！"

悟空也直拍脑门："嗨，我怎么就没想到呢！"

两个字母又向门冲去，同时各变成5和3，只听叮的一声，门动了一下，但还是没有开，两个字母也没受伤。这又是为什么呢？

沙僧的头上冒出汗来，他又仔细检查一遍："没错啊！"

唐僧面无表情："我已经说了，既然要试，就得把所有可能的数都试一遍才行。"

悟空和沙僧对视了一眼，悟空苦着脸、咬着牙说：“继续试吧！”

最终，他俩发现，还有一个答案：除数是15，商是1。沙僧说：“师父，这不怪我们，这个除数是两位数，没学过啊！”

唐僧说：“需要学吗？想一想，除法的含义是什么？”

悟空说：“除法就是平均分！”

唐僧说：“没错，平均分的结果是什么？”

悟空说：“结果是……把被除数按照除数的大小平均分成几份。”

唐僧说：“对啊，**所以可以这样理解除法：被除数中包含几个除数**。比如，6除以3，商是2。它的含义是6中含有2个3。”

悟空抓耳挠腮，沙僧直掐大腿，二人想了半天，才想明白这句话。

唐僧又说：“如果理解了我的话，你们即使没学过除法，也可以算出被除数中究竟含有几个除数。”

“对呀，还可以用减法！比如10除以7，就可以用10减7，得数3比7小，就说明10中只有1个7，余数就是3，”悟空说，“那17除以15也是同样的道理了？”

沙僧在小本子上边写边说:“用减法,17 减 15 等于 2,说明 17 中含有 1 个 15,也就是说除数是 15,商是 1,余数是 2。”

唐僧终于笑了:“对了!无论做什么事,都必须理解真正的含义,才能随机应变!”

悟空说:“还真的是啊,要先想明白,才能用明白!”

唐僧说:“没错,我讲的三个明白——从听明白,到想明白,再到用明白,可没有那么简单!”

沙僧说:“我觉得更重要的是要把所有可能的数都试一遍!”

唐僧说:“说得好,**在数学中,把所有可能都写出来的方法叫‘枚举法’,它的关键是既不能遗漏,也不能重复**。”

三人讨论完,两个字母冲向铁门,同时各变成 15 和 1,钻进□和△中。

咣当!铁门打开了,房间里的灯也亮了。众人走进房间,发现里面堆满了香料和香水。每种材料都很香,可是各种气味混合在一起就有些刺鼻了。

沙僧问:“大师兄,没数帮不会数学,但在门上出的题目还挺难,这是怎么做到的?”

“他们有种机器,名字叫接收器,能接收人类信息。那些不喜欢数学还有想给数学世界制造混乱的人，就可以把题目传输给没数帮。”悟空边说，边用手指指头上。

乘号小强问：“怎样才能快点上去找到接收器？我要把它关掉！”

悟空说：“可能咱们得把下面8层的房间全部解锁后，才能进入放接收器的房间。”

众人一起惊呼：“啊？这也太难了！”

减号妹妹却说：“我有个好主意，能让咱们通行无阻！”

八、唐僧的窍门

大家一起问："什么好主意？"

减号妹妹说："没数帮进门不是用密码吗？如果知道密码，不就容易了吗？"

悟空摊开双手，无奈地说："那当然！可惜我们不知道啊。"

减号妹妹接着说："不知道没关系，我们可以猜啊！"

加号姐姐也说："对啊，可以猜！"

悟空说："那你俩来猜密码吧，我们解题，咱们同时做，不耽误时间，怎么样？"

加减号小姐妹高兴地说："好，我们试试！"

唐僧说："要想快，咱们三个也最好分头行动——每人负责开一个门，怎么样？"悟空和沙僧都同意。

于是，师徒三人各带领几人，分开行动。

唐僧走到第四个门前，看了看门上的牌子，不禁吃了一惊："这题好难！"

原来，牌子上写着一个除法竖式，用横式表示就是：3□÷☆=7……2，7×☆=△☆。

```
      7
☆ ) 3 □
    △ ☆
    ————
      2
```

题虽然难，可唐僧一点儿也不慌张，因为他有解题的窍门。

什么窍门呢？**无论什么题，都必须认真观察，先找到重要的信息，再想办法利用这些信息。**这是唐僧做了很多题后，自己总结的方法。

所以，唐僧先认真观察竖式，他对除法竖式（在竖式中，用这个符号厂来表示除号）中几个数的关系了如指掌：**除号上面的是商，左边的是除数，除号下面第一行数是被除数，第二行数是除数和商的积。而横线下面的是这两行数的差，是余数。**

```
              7   ……商
除数……☆ ) 3 □   ……被除数
            △ ☆   ……除数和商的积
            ————
余数……      2
```

很快，唐僧就注意到：被除数的十位上是3，说明被除数是三十几，而商是7。唐僧知道这个信

息很重要，一定有用。

可怎么用呢？他的方法很独特，也很简单，那就是向自己提问！

于是，唐僧问自己：7 乘以几，得数是三十几？

有了问题，就有了方向，他立刻想到乘法口诀——五七三十五。

这是一个比较大的进展，可唐僧没有沾沾自喜。因为他知道，解数学题时，必须先考虑所有的可能，然后再从这些可能中找出答案。所以他继续问自己：还有其他可能吗？

第二行的数，也就是除数和商的积不可能大于 35，否则这个竖式就错了，对应的乘法口诀是四七二十八。

所以，竖式中的除数可能是 4 或 5——只有这两种可能。

但这只是个范围，还要继续思考、验证，才能选出答案。

怎样思考验证呢？那就是在竖式中找出更多信息。

这时，唐僧又注意到：第二行数的个位上的数与除数竟然是同一个数，都是用☆表示的。这个信息太重要了，让他在两个选项中立刻选出答案：

五七三十五。这样，除数与第二行数的个位上的数都是5。

所以，☆是5，△是3。

那□呢？倒着算一下，35加2，就是37了，所以□是7。

就这样，唐僧通过观察、提问、筛选这3个步骤，成功解出难题！

再验算一次，结果显示正确。于是唐僧叫来三个字母，a变成5，跳进☆中；b变成7，跳进□中，c变成3，跳进△中。

果然，门开了！和唐僧一起的队员，不禁伸出大拇指，脸上露出敬佩的神色。

走进房间后，大家却被吓了一跳：好家伙，房间里竟然堆满了闪闪发光的金币！

唐僧对钱没兴趣，就走出了房间。他在通道中扭头一看，悟空正站在第五个门前，沙僧站在第六个门前，都在全神贯注地解题呢。

唐僧走到悟空身边，当他看到牌子上的题目后，就全明白了：这道题很难，难怪悟空还没做出来！刚想开口，悟空就扭过头，认真地说："师父，你去帮沙和尚吧！"

再看沙僧，他掰着手指，嘴里小声念叨着，不

知在干什么。可是，唐僧刚走到他身边，他就抬起头严肃地说：“请师父放心，我肯定能行！”

唐僧笑了：这俩徒弟都挺有性格。其实，这正是他希望的：只有亲自做数学题，才可能有收获、有进步。所以唐僧不但没生气，反而挺开心。

这时，唐僧突然看见乘号在第九个门前拼命向他挥手，又挤眼睛又咧嘴，表情很夸张。

他要干什么？唐僧赶紧走过去看个究竟。

九、切掉尾巴

唐僧走到乘号跟前，乘号兴奋地指着门喊："我能打开它，答案是8！"

唐僧一看，门上的题目是"64÷8=□"，就说："八八六十四，对了！"

于是，乘号叫来字母c，c变成8钻进□中，门开了。

这个房间和第一个房间一样，里面有一池子水，还有通往上层的管道。唐僧在房间里转了一圈后，又回到通道里。这时他看到，除号拉着字母a和b向第八个门走去。

唐僧很好奇："难道除号也能开门了？"于是，他又走到第八个门前，看到牌子上写着："2除8的商是□，余数是△。"

这时，除号对字母 a 和 b 拱拱手，说："商是 4，余数是 0，拜托了，二位！"他说话很客气，不像乘号总是大大咧咧的。

唐僧想：这个题目看着简单，却暗藏杀机，一不小心就会错，因为"除以"和"除"的意思正好相反。

幸亏除号是除法专家，在这个世界上，没有人比他更懂除法。

a 和 b 照除号说的，冲向第八个门，门果然打开了。除号轻轻笑了一声，那意思可能是：乘号能打开门，我也能！

大家走进房间，发现这个房间和第二个房间一样，也堆满了饼干。

唐僧陷入了沉思：房间里的物品，第一个和第九个一样，第二个和第八个一样，难道……它们是对称分布的？

现在，只有三个房间的门没打开，就是第五间、第六间、第七间。唐僧一边思考，一边走到第七个门前。第七个门的牌子上写着"19 ÷ □ =2……3"。

看到题目，唐僧觉得很简单，就向三字母招手。这时，乘号小强突然跑到唐僧面前，大声问道："唐长老，能教教我吗，怎么做这道题？"

唐僧说："好啊，可是你看题了吗？"

“刚才看了！”乘号指着省略号说：“可是，只要看见这些点点，我就晕得厉害……唉，有余数的除法，我怎么也学不会！”

这时除号平均分也走到跟前，冷笑道：“有余数的除法你不会，难道没有余数的除法你就会了？”

乘号小强瞪大双眼，一脸不服气的表情说道：“会啊，当然会，没有余数的除法，就是乘法的逆运算嘛！”

除号双手抱胸，淡淡地问：“那你怎么不打开第八个门？”

乘号摸摸头：“给你留着嘛！我都打开了，你多没面子！”

二人正斗着嘴，减号妹妹跑过来说：“我来教你们有余数的除法！”

乘号笑了：“小妹妹，比起减法，除法可是复杂多了，你来教我们？你能教什么呀？”

减号妹妹说：“听我的，用被除数减余数，得数就能被除数或商整除了！”

乘号没听懂，就指着门问：“你就说这道题怎么做吧！”

减号妹妹看了看题，很快就回答出来：“被除数是 19，余数是 3，被除数减余数就是 19−3=16，然

被除数　　　　　　　余数

$19 \div \square = 2 \cdots\cdots 3$

被除数-余数

$19 - 3 = 16$ —能被整除的数

后 16÷2=8。所以，□里的数就是 8！”

乘号说：“等等！为什么要用 19 减 3？”

减号妹妹说：“因为 3 是余数啊！难道你不知道余数的含义吗？”

乘号有些蒙：“余数的含义？那是什么？”

减号妹妹说：“余数，就是被除数中不能被平均分的那部分。所以，被除数减余数后剩下的部分就能被平均分了。”

乘号正皱着眉头思考，除号却露出了难得的笑容：“说得好！小妹妹，那你再讲讲 2 本来是商，为什么要用 16 除以 2 呢？”

减号妹妹说：“根据乘法口诀，二八十六，16 除以 2 等于 8，16 除以 8 等于 2，也就是说，8 和 2 这两个数是可以互换位置的。”

唐僧看乘号不太明白，就说：“小强，你想想，二八十六和八二十六是不是一回事呢？”

乘号小强终于明白了，拍掌笑道：“哈哈，有余数的除法，我终于学会了！”

唐僧接着说：“遇到这种题，就要先想办法，去掉余数。因为有了余数，除法算式看上去就麻烦，就像拖了个大尾巴……”话还没说完，大家一起笑了——因为真的很像！

“对，要想切掉这烦人的尾巴，就得用减法！”减号妹妹接过话茬儿。

乘号点点头，对减号妹妹竖起大拇指：“别看妹妹小，方法却挺好！”话音未落，就听沙僧在那边喊：“快来快来！”他有什么事呢？

十、沙僧掰指头

沙僧兴奋地说：“我知道这道题的答案了，快来，帮我把门打开！”

唐僧说：“悟净，等一下，我们先把这个门搞定！”

于是，字母a变成8，冲向第七个门，门果然开了。正如唐僧所料，和第三个房间一样，房间中堆满了香料和香水。

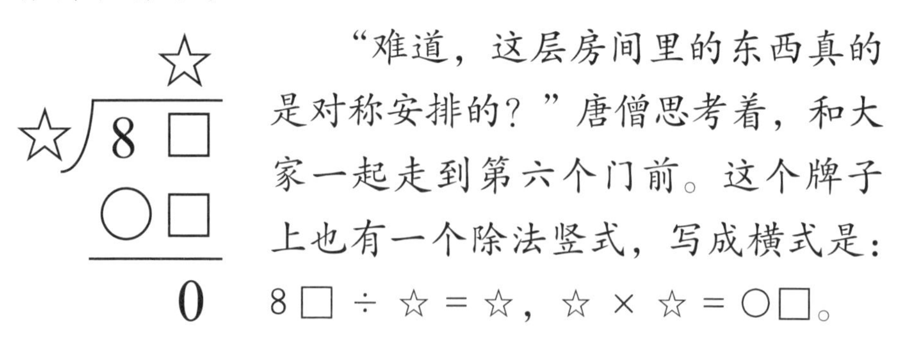

“难道，这层房间里的东西真的是对称安排的？”唐僧思考着，和大家一起走到第六个门前。这个牌子上也有一个除法竖式，写成横式是：8□ ÷ ☆ = ☆，☆ × ☆ = ○□。

沙僧指着牌子激动地说：“☆是9，○是8，□是1，没错儿！”

三个字母一齐看着唐僧，他们希望唐僧能检查一下，免得错了受到伤害。

唐僧说：“余数是0，就说明能整除，九九八十一，对了！”

于是，a变成9跳进☆中，b变成1跳进□中，c变成8跳进○中。只听咣当一声，门开了！

众人鼓掌庆祝，随即一起进入第六个房间。乘号的嘴永远闲不住：“沙老哥，你是怎么想到的？”

“我背了一遍九九乘法表，有个重大发现！”沙僧得意地说，“大于80的得数只有一个，那就是九九八十一！”

唐僧听了心中暗笑：原来他刚才掰手指，是在背乘法口诀呢！唐僧想了想，凑近沙僧的耳朵小声说：“你没注意到这道题的除数和商是同一个数字吗？”

沙僧有些脸红：“没有啊……”

突然，他们听到加减号小姐妹惊呼：“啊！”她们抬头一看，发现这里和第四个房间一样，也堆满了金币——这也太奇怪了！同样的东西不放在相邻的两个房间，却要一些在这边，一些在那边。究竟是为什么呢？

还有，这层的正中间，也就是第五个房间里会有什么呢？所有人都想知道这个问题的答案。于是，

众人像约好了似的，一齐走到第五个门外，站在悟空身边。

大家看到，牌子上同样有个除法竖式，用横式表示就是：□○÷☆=△……7，△×☆=□0。

$$\begin{array}{r} \triangle \\ ☆\overline{)\square\ \bigcirc} \\ \square\ 0 \\ \hline 7 \end{array}$$

这个竖式中，总共有7个数字，其中5个是未知数，而且5个中有2个相同的数字——这道题真难呀！所以大家都不说话，怕打扰了悟空。

这时，悟空的额头上已冒出一层细小的汗珠。他已经发现：这个竖式中，除号下的第二行数，即商与除数的积的个位数是0。于是，悟空就在九九乘法表中，仔细寻找积的个位数是0的乘法口诀。

悟空发现，符合这个条件的乘法口诀有4个：二五一十，四五二十，五六三十，五八四十。如果挨个试，应该就能试出结果。

可这时，悟空却突然迷糊了：这4个口诀中的数，怎么好像都可以呢？比如17÷2=5……7，27÷4=5……7，等等。

更让他迷糊的是，这4个算式中，如果把除数和商换一下，好像也可以，比如17÷5=2……7，27÷5=4……7，等等。

这是什么情况？难道，这道题会有8个答案？可能吗？

直觉告诉悟空，一定是哪里错了。可糟糕的是，他不知错在哪里！就这样，他一直站在那里，表面看似平静，其实心里都快急疯了。

沙僧看到题后，又开始掰手指念叨。唐僧却转头问除号：“请教一下，在除法中，余数和除数哪个大？”说完他用胳膊肘悄悄碰了碰悟空。

除号平均分一愣，这问题……太简单了吧，就说：“当然余数小了！余数要是大于除数，就肯定算错了！”

乘号小强也说:“对，刚才都说了，余数，是不能被平均分的那部分，所以余数肯定要小于除数！”

唐僧又问:“余数不能等于除数吗？”

除号的头摇得像拨浪鼓:“不可能！如果相等，说明商不正确，就得把商加1，让余数变成0。”

他们的对话听着很平常，却像闪电一样在悟空的大脑中唰地闪过。刹那间，他明白了，自己忘了一条规则，一条特别简单的规则：**在除法中，余数一定要小于除数！不能大于，也不能等于！**

清楚规则后的悟空如有神助，大声讲起这道题！

十一、大圣擦汗

```
        △
☆ ) □ ○
     □ 0
    ————
       7
```

悟空转身面对大家，用手指着门牌，大声说：“这道题，已知余数是7，因为除数必须大于余数，所以除数，也就是☆只能是8或9。那么，什么数与8或9相乘的积是两位数，而且个位数是0呢？”

悟空停顿了一下，继续说：“五八四十，只有五八四十满足刚才的条件！所以，☆只能是8；商，也就是△，是5。它们的积是40，□就是4。47−40=7，好了，验算正确！”

大家都惊呆了：这一番讲解真严密，真精彩！可是……好像哪里不太对劲呢？

大家沉默了片刻，沙僧问：“大师兄，既然你这么清楚，为什么现在才说啊？”这一问，说出了大

家的心声。

悟空眨眨眼："我就是等你们来啊！要不然，你们就错过精彩演讲了！"说完他举起手，贴着脑门向后一擦，又向前一挥："三字母，上！"

这手势不但看着帅，还有实际的用处：他的手向后时，悄悄抹了一下额头，擦掉了上面的汗珠。

可还是有问题：这儿只有3个字母，竖式里却需要5个数字，怎么办？

再看特攻队，除了师徒三人和三字母，就是加减乘除号、等号、大于号和括号，以及平移、旋转两位法师，没有一个是数字！

众人急得直搓手：房间有九层，要是连这层都通不过，这特别攻击队岂不成了特别丢脸队！

这时乘号问字母们："你们各自能一次变成两个数字吗？"他不愧是老板，总是想让一个人干两个人的活儿。

字母a说："可以，但这两个数字必须相同。其实我们已经这么做过了，在第六个房间时，难道你忘了？"

乘号有些不好意思："我还真没注意……"

字母b说："在一个算式中，我们各自可以同时变成2个4、3个4，这都没问题，但不能既是4，又是5。"

能变成多个相同的数字，这算是一个进步。可是还缺一个数字，怎么办？大家都被难住了。

正在众人苦苦思考时，从洞口处传来一个熟悉的声音："哈哈哈，我来了！"

大家扭头一看，他们进来的洞口又被打开了，八戒扛着九齿钉耙大踏步走进来！他身后还跟着一个白胡子老头儿，老头儿一手拿着镰刀，一手拿着筐。

原来，八戒不甘心失去战斗的机会，就把任务全推给了小于号，自己则跟着特攻队悄悄来到石碑附近。悟空怎么开的门，八戒都看到了，也学会了。说来也巧，这时他发现身后有个白胡子老头正在割草。也不知老头儿跟八戒说了些什么，八戒就把他领了进来。

白胡子老头儿放下筐和刀，向他们作揖，说："在下姓贾，世代住在这里，以养马为生，今日相见，幸会幸会！"

悟空说："老人家，既然你一直住在这里，那你是数字还是符号？"

贾老汉说："其实我是一个5。"

大家一听，全笑了：这也太巧了，简直是瞌睡遇见枕头，问题就这么解决了！

于是，三字母拉着贾老汉，齐心合力向门冲去，他们先把贾老汉变小，推进了竖式的△中，之后各自变成8、4和7钻进竖式，只听咣当一声，门开了！

大家却站在通道中没动，因为房间里喷出一股热气！只见房间的正中有个圆柱形的大火炉，里面火焰熊熊燃烧，发出噼啪的声音，照得房间隐隐发红。

悟空说："这火势，像太上老君的炼丹炉！"

八戒举起钉耙就要往里冲。谁知没走两步就被沙僧从后面拦腰抱住："二师兄，你要干什么？"

"我要毁了它，不让没数帮再害人！"八戒很激动。

悟空忙说："现在不能动！惊动了敌人就麻烦了！"

八戒觉得这话有理，加上沙僧的劲儿大，拖着他让他不能前进，只好放下钉耙。这时，突然有一个奇怪的声音从头顶传来！

大家忙抬头看，只见通道顶部出现了一个洞口，从洞口弹出一个折叠梯，正向地面一点一点伸展，还发出咯吱咯吱的声音。

众人大喜。悟空说："我说得没错吧，这层的房间全解锁后，上去的通道就有了！"那么，上面一层会有什么呢？

十二、算出 24

折叠梯缓缓落到地面，特攻队队员们就顺着梯子向第八层爬去，悟空在最前面。

这时，减号妹妹噘着嘴说："全都是字母在冲锋，根本用不上我们这些运算符号，真没劲！"

悟空正站在梯子上，回过头说："这可不赖我，你得去找豆一样！"

乘号小强很乐观："虽然我们没出场，可无论哪道题都与四则运算有关，所以运算符号很重要，要有信心！"

加号姐姐听了这话，不但没高兴，反而有些恼火："哼，乘法、除法用上了，减法也用上了，就加法没用上，一次都没有！"

等号却说："不急不急，总共 45 个房间，才打

开9个，肯定还有机会！”

特攻队队员们爬上去后，发现这第八层和第九层一模一样，还是一条巨大的通道，区别只是这层有8个门、8个房间。所有门的牌子上都写着包含“=24”的一个不完整的等式，等号前面贴着数，有的是1、2、4、5，有的是3、3、5、9，这几组数都不一样，但都是4个。

八戒指着一个门问：“师父，这是什么意思？”

唐僧说：“这应该是让你们在4个数中间添加运算符号，计算的结果必须等于24。”

八戒又问：“为什么前面4个数是贴上去的，等号和24却是写上去的？”

唐僧笑了：“这样设置，说明可以改变这些数的位置。”

乘号听了这话，对除号和加减号小姐妹说：“嘿，看吧，机会来了，该咱们4个表演了！”

等号说：“就你们4个？”听口气，他不太高兴，因为所有的门上都已经有了等号，说明这层还用不上他。

乘号说："这儿的运算符号就只有4个，你说还能有谁？"

"那可不一定！"一直沉默不语的左右括号同时说。

这时，悟空说："师父，咱们四人还是分开吧，同时做会快一些！"

"好嘞！"唐僧和沙僧答应了一声，就各自找到一个门做题去了。八戒一看这形势，连忙用手捂住脑袋："哎呀，哎呀，我头疼……好猴哥，要不我就跟着你吧。"

"快过来！"悟空很爽快，向八戒挥挥手，转身就走。悟空本来就喜欢表现，现在又是队长，就专挑难题做。他发现：通道两边的题容易，中间的难。于是，悟空就走到通道中间选了一个门，上面的数是2、5、8、13。

悟空专注地盯着2、5、8、13这4个数，他首先注意到8，又想到目标是算出24，立刻念出与这两个数有关的乘法口诀：三八二十四。

8确定了，原来的问题就变成一个新问题：怎样用2、5和13来算出3？

很快，悟空就想了出来：$2\times5=10$，$13-10=3$。

哈哈，成功了！

于是他拿出笔和本子，写出算式：13−2×5×8。可是，写完后一检查却发现不对——这个算式根本得不出24！

因为**在一个算式中，如果加减乘除四种符号都出现，要先算乘法和除法**。这个运算法则是师父唐僧说的，虽然只讲了一次，但悟空牢牢记住了。

在这个算式中，根据运算法则，得先算2×5×8=80，这80比13大很多，减数大于被减数，得数肯定不等于24！

他正挠头呢，旁边的八戒说："猴哥，这题不难哪，加减法就能搞定，你看，先算5+8+13，再减2，得数就等于24，怎么样？"

悟空一算，果真如此！他有些生气，不是生八戒的气，而是气自己。他狠狠抓着自己的头发，在心中问自己："难道是我想复杂了？"

八戒叫来加减号小姐妹，他先把4个数的顺序摆好，小姐妹变出两个加号和一个减号，三个分身一起冲向房门，只听叮的一声，门响了一下，却没有开！

悟空明白了，他对八戒说："这道题还有其他答案，咱们继续想！"

这时，小个子左括号来到悟空身边，踮起脚看悟空手里拿的本子。当他看到上面的算式后说：“大圣，这次该轮到我们了！”

“你们？你们能做什么？”悟空一直在忙，根本没时间和新队员聊天，也就不知道左右括号能干什么。

那他们究竟能干什么呢？

十三、互相学习

“我们俩的本事是确定先计算算式中的哪部分。”左括号说。

悟空没听懂，就说：“你举个例子。”

左括号说：“例子很多，就说你刚写的算式吧，你的本意是先算 13−2×5，得数再乘以 8，对吧？”

悟空说：“对啊！可结果却不是那回事，好烦！”

右括号说：“你只要把我俩加上，就能实现你的想法。在这个算式中，只要让左括号站在 13 前面，我站在 5 后面，就能保证先计算 13−2×5。”

悟空就照右括号说的在本子上写出算式：(13−2×5)×8。这时他想起第一次见括号时唐僧说的话，就问：“你们俩专门管计算的顺序？”

左括号说：“那当然！只要是被我俩包在中间的

部分，就必须先计算，这可是数学世界里的规则，谁都别想改！”

“那……你们为什么要戴个钢盔？”悟空很好奇。

“这个嘛……”左括号调皮地挤挤眼睛，“因为我们站在算式中，括号外的数和符号就得后算，可他们总想先算，就不停地动，一不小心就会碰到我们，所以我们得戴上钢盔，以免被误伤。”

右括号接着说：“他们乱动，我们也不能跑，跑了算式就错了，就会得出错误的结果，所以为了坚守岗位，我们只好戴上钢盔。”

悟空哈哈大笑，左括号又说：“不过，还请大圣记住，我俩必须同时出现在算式中，我在左边，他在右边，要不然，不但我俩惨了，算式也是错的！”

悟空点点头，严肃地说：“好，我记住了，那你们就试试？”

“好嘞！”两括号高兴地击了个掌，接着就和刚才的一个减号、两个乘号，一起向门冲去。只听叮的一声，门响了一下，可还是没有开！

什么情况？叮的一声，说明这次做对了；但门没开，说明这道题还有别的答案。悟空气得差点背过气去。他越想快，反而越慢！

怎么办？只能继续寻找其他答案。悟空早就知

道，英雄不是脾气大，而是遇到困难不灰心。所以，昔日的齐天大圣、今日的斗战胜佛，又拿起笔和本子开始思考。

这时八戒问：“猴哥，刚才的算式，你是怎么想到的？”八戒自己不爱思考，却喜欢向别人学习，尽管有人笑话他，说他提的问题太傻，但他也不在乎。

悟空说：“这事啊，你得倒着想，看到24和8，我就想到了三八二十四，已经有了8，你只要想办法造出一个3来，就成功了！”

八戒说：“造出3？三五十五……哎，我也能用2、5、13，造出一个3！”

悟空忙问：“你怎么造出3？”

八戒两个眼珠一瞪：“三五十五啊！”

悟空明白了：$13+2=15$，$15\div5=3$。他立刻写出算式：$(13+2)\div5\times8$。写完后检查一遍，没问题，结果就是24！

这时，悟空突然觉得八戒也有优点，就问：“刚才你只用加减法就得出一个正确答案，你是怎么想到的？”

八戒摸摸后脑勺：“嘿嘿，乘法除法……我还不太熟，只好加加减减，一不小心就弄出来了。”

悟空说：“好，咱俩再想想，看看还有没有别的答案，免得打不开门，被人笑话。”

于是，悟空决定用八戒的方法——先考虑加法减法。还真的又被他找出一个答案：2×8+13−5=24。

而八戒决定用悟空的方法，先考虑乘法、除法。他想造出4和6来，因为四六二十四，或者2和12，因为2乘以12得24。遗憾的是，都没有成功。但在各种尝试中，八戒记住了两句乘法口诀，收获也算不小。

按照这两个答案，众人又向房门发起冲击，只听咣当一声，门打开了！

房间中飘出淡淡的香气。门口的人被香气吸引，全都走进房间。房间中有很多货架，货架上摆满了密密麻麻的小花盆。每个花盆中都有一个绿色的小圆球，外形和仙人球一模一样，唯一的区别是上面没有刺。

悟空把手伸进一个花盆，拔出圆球并掰开，只见里面有一颗果实，大小和形状都与栗子差不多，还散发出一股香气，沁人心脾——这是什么气味？悟空正要凑上去闻闻，却听八戒大喊：“别动它！”

悟空还从没见过八戒这么着急的样子呢:“怕我抢你的?有这么多呢!”

十四、四种毒物（上）

八戒脸红得像猪肝，说话也吞吞吐吐的："才不是呢！那晚我逛街时，从地上捡了个纸包，里面有七八颗这东西，我以为是糖炒栗子，就全吃了。结果，第二天就犯了病！"

悟空说："我说你怎么会得病，原来还是贪吃惹的！"

八戒直摇头，很是委屈："真不怪我啊，猴哥，这东西味道太好了，尝一小口，就停不了嘴！"

悟空一拍脑门："这就是传说中的毒栗子？哎呀，我刚想起来！"他跑回通道中大喊："大家注意，千万不要吃东西！"

喊完后，悟空才看清楚，通道中根本没有人。唐僧和沙僧早已打开各自负责的房门，其他特攻队

队员也跟着进了房间。

于是，悟空和八戒跑到了唐僧所在的房间。这里有个方方正正的大铁柜，铁柜上方有个孔，正不停地往外吐东西。吐的什么呢？是钱串串——各种金币，五个一串，用红绳绑在一起。这些钱串串有的落在铁柜边上，有的落在远处，方向也不一样，所以整个房间的地上都堆满了钱串串。

八戒捡起一串，激动地说："我们发财了！"他不知道，在第九层的两个房间中也有很多这样的金币。

悟空说："快扔了它！这东西看着好，却和毒栗子一样。”

“怎么可能，你看清楚，这可是金币，能买东西的真金啊！”八戒不但没扔，反而抓起一把，在悟空面前晃晃，“猴哥，你是不是疑心太重了啊？”

“才不是呢！你不知道，这钱串串危害可大了！”悟空耐心地说，“它能分散人的注意力。如果你带着它，就会不停地想它、看它、玩它，根本没心思做事，搞得大脑空空，什么关卡都过不了，只能在数学世界流浪。你还想回人间、送真经？那简直是做梦！”

八戒听得心惊肉跳，赶紧扔掉手中的东西，又甩甩手：“嘿，又差点儿上当！这数学世界怎么到处是陷阱！”

悟空说：“你要是不贪心，就不会上当！”

八戒不服气：“我就是玩玩嘛！”

悟空说：“贪玩，那也是贪！”

唐僧说：“设计这东西的人挺聪明，很少有人不喜欢钱，而且一旦拿到手，就很难扔掉它。”

“师父说得对，我早有情报，这里的东西都是没数帮费尽心机设计的，一律不能碰，更不能吃。”悟空有点儿得意地说道。

八戒不高兴了：“哼，那你不早说，刚才还要吃毒栗子！”

悟空说："刚才我就是闻闻，不过的确怪我，忘记了事先提醒你们，好在没出事！"

八戒不服气，说："你确定？那沙和尚什么都没吃？"

于是他们赶紧去找沙僧。见到沙僧，三人都吓了一跳：沙僧正弯着腰用手抠嗓子眼儿，让自己呕吐呢！地上有一些呕吐物，旁边扔着半块饼。等号站在沙僧身边，轻拍他的背部。

这个房间中也有一个大铁柜，这个大铁柜也在不停地往外吐东西。只不过吐出的不是钱串串了，而是圆圆的小糖饼，看上去很诱人。

悟空大惊："哎呀，沙和尚，你吃了这糖饼？"

沙僧直起身，眼角还挂着两滴泪："就咬了一小口……"

八戒说："都怪猴哥，不早提醒我们！"

悟空不理八戒："幸亏吃得少！只要人吃了这毒糖饼，做数学题时，就只愿意用一种方法得出答案，不愿意想多种方法，也不喜欢讨论和交流了！"

八戒不以为然："能做出题来就很棒啦！什么多种方法呀，讨论呀，交流呀，依我看，有没有都行，所以这糖饼不应该算有毒！"

悟空想反驳他，却说不出理由，就转头看唐僧。

唐僧说："要是做题不想更多方法，也不讨论交流，就很难变聪明，更少了很多乐趣！"

大家听后都很纳闷："为什么啊？"

"**做数学题时，要追求一题多解。除了自己努力想，还要和别人多交流——多说、多听，互相启发。**本来你只有一种想法，和小伙伴们讨论后，有了多种想法，思路就变开阔了，也就变聪明了。要不然，你的思路将永远在已有轨道中运行，怎么会有提高呢？"

唐僧就是这样，总能把道理讲清楚，让别人心服口服，大家纷纷点头。八戒和悟空对视了一眼，一起说："师父说得对，我俩刚才就这样！"

乘号小强又得意了："我说对了吧，要学好数学，就得向我学习，得多说话！"

众人一起看向他，简直像约好了一样，一字一句地说："你的话实在太多了！"

十五、四种毒物（下）

在第八层，面对毒栗子、钱串串和毒糖饼，特攻队成功识破了没数帮的诡计，没有造成损失。想到这些，悟空既后怕，又高兴："咱们没事，主要得谢谢八戒！"

"看来嘴馋也是个优点。"减号妹妹说。众人听后大笑，八戒的脸都红了。减号妹妹不明白大家为什么笑，就问："怎么了？难道不是吗？"

乘号小强说："你说得对，但这个优点，是对于别人来说的！"

唐僧叹了口气："以身试毒，也算精神可嘉！"

八戒不好意思，就想换个话题："猴哥，你怎么知道这么多秘密？"

悟空眨了眨眼："现在不能讲，等行动结束后再和你说！”

沙僧趴在八戒耳朵上说：“肯定有内线。”

他们边说边干，又打开了旁边房间的门。一股浓烈的香气扑面而来。

众人走进房间，发现里面依然有个大铁柜，只不过这次吐出的是调料包。原来香气来自这些调料包。

悟空赶紧告诉大家，把这东西拌在食物中，食物会更香，但人吃了它，就会产生幻觉，再也不想学习了。

乘号突然大叫：“天哪，不得了！原来我们都被下毒了！数和符号都只会计算却不会推理，就是被这调料害的！”

悟空忙说：“那倒没有，数和符号是天生就不会推理，不过吃了这东西，会觉得自己很完美，于是安于现状、不思进取。也只有这样，没数帮才能使劲儿搞破坏！”

乘号问：“那有什么办法能让我们学会推理？”

悟空无奈地摇摇头：“这个……我真不知道。”

唐僧说：“咱们先消灭没数帮，等数学世界安全了，再想其他的不迟。”

这句话给大家提了个醒，做事情一定要集中精

力。同时，这句话也让数字和符号们看到了希望，所以他们更积极，更卖力了。

很快，特攻队就打开了这层所有的门。他们最后发现，8个房间中有4种毒物：毒栗子，入侵大脑，控制人的思维；钱串串，分散注意力，让人无法正常做事；毒糖饼，让人安于一种想法，不愿讨论交流；毒调料，让人产生幻觉，不思进取，不想学习。

唐僧注意到：这4种毒物的位置也是对称的，同一种东西，分别在第一和第八、第二和第七、第三和第六、第四和第五个房间中。这到底是什么意思呢？他没想明白。

悟空担忧地说："这些毒物要是全散出去，数学世界就真危险了！"

八戒说："把它们烧了，斩草除根！"

悟空反问道："二师弟，在山洞中放火，你就不怕把自己变成烤猪？"

所有的人都笑了，包括八戒自己，因为山洞是密闭的，要是放火，十有八九会烧到自己，即使不被火烧，也得被烟熏晕。

八戒只好吸吸鼻子，拍拍大铁柜："那我先砸烂它们，总行吧？"

"那也不行，不是说了嘛，这样会暴露我们！"

悟空不为所动。

这时，第八层的通道顶部已露出洞口，弹出折叠梯。梯子慢慢伸展到地面。这是特攻队打开这层所有房间后的结果，同时也提醒众人：该上去了。

悟空怕八戒闹事，就先把他推上梯子，又跟在他身后。二人一起向上爬。

八戒不服气，一边嘟囔，一边爬梯子，费了好大劲儿才爬到洞口。他刚探出头，想看看第七层有什么，却不承想，眼前突然一黑，竟从梯子上摔了下来！

摔下来的八戒撞到悟空身上，二人一起摔到地上。八戒晕了，悟空却还清醒，他迅速跳起来，又爬上梯子。

悟空边爬边想：刚才八戒倒下时，他听见砰的一声，肯定是有人在洞口打了八戒一下。于是他到洞口时，不再探头，而是放慢速度，攒足了劲，然后突然跳了上去。

即使这样，还是

听到砰的一声：悟空的后腰挨了一下！悟空疼得趴在地上。但出于本能，他忍着疼痛就地一滚，说时迟，那时快，只听叭的一声，一条木棍结结实实打在悟空身边的地面上。好危险！

一个黑衣人一闪而过，悟空大喊："哪里跑！"可惜腰太疼，他费了很大力气才勉强站起来。

这时悟空看到，第七层通道的顶部也有一个洞口，也有折叠梯伸到地面。那黑衣人已经爬上了第六层！

十六、妙用括号

八戒本来就病了，脑袋又挨了一棍，唐僧怕他身体吃不消，就让贾老汉陪着他，让二人先在第八层休息，其他人继续前进。

等众人爬上第七层时，悟空已经到了第六层。唐僧见状，对众人说："咱们抓紧时间开门，看看这层的房间里都有什么。"

众人行动起来，很快就摸清了情况。第七层有7个门，每个门上各有一块牌子，牌子上有数学题。

唐僧正要和沙僧商量一下怎样分工来解题和开门，却听乘号小强在一扇门前大喊："开始！开始！"

他俩跑过去一看，门上题目是：$39-24\div8=\bigcirc$。二人不禁笑了：这道题不需要推理，只需要计算就好了，而计算正是符号的强项。此时，他们也都站

在门前，做好了准备。

等号说：“注意，先算乘除法，再算加减法！”

除号说：“收到，我先来。24÷8=3。”

乘号说：“三八二十四，验算正确，继续！”

减号妹妹说：“39−3=36。”

加号姐姐说：“36+3=39，验算正确，答案就是36！”

话音刚落，字母b就向门上的圆圈冲去。只听咣当一声，门开了！

唐僧和沙僧鼓起掌：符号的计算过程好清晰、好严密！

符号和字母们也很得意，但时间紧迫，所以他们没有停留，而是立刻走到另一个门前，继续开门。

唐僧和沙僧则走进这个房间，发现里面堆满了书，有些书存放的时间太长，纸张都黄了，隐约有一股难闻的气味。书倒是很好看，讲的都是数学故事。

二人出来时，见众人又打开了一个门，这个门上的题目是：（52−20）÷8=□。沙僧笑着说：“这种题目，要先算括号里的，这样就不容易出错！”

唐僧说：“对，这事他们擅长，就让他们干吧！”

于是，他俩又走进这个房间，发现里面也堆满了书，也有同样的气味，书同样很好看，只是内容不一样，讲的都是数学游戏。

唐僧一巴掌拍在书上，生气地说："太坏了！太坏了！"

沙僧忙着翻书："不坏啊，这些书多好，小孩大人都喜欢！"

"我说的是没数帮，他们把好看的书藏在这里，不让孩子们看。这些人干坏事，倒是从娃娃就抓起了！"唐僧越说越气愤。

沙僧抬起头来，不解地问道："师父，藏书是好事，怎么就成坏事了呢？"

"把好书藏起来，不让别人看，也是好事？"唐僧反问道，"小孩看了这些书，就会喜欢数学。如果看不到，会怎样？"

"看不到……也许就不容易喜欢数学。喜欢的人少，恨的人多，没数帮就会发展壮大……"沙僧恍然大悟，"原来是这样……这帮家伙，真是太坏了！"

这时，乘号小强跑进房间，气喘吁吁地说："唐长老，有个门他们打不开了，你快去看看吧！"

二人就紧跟乘号来到七层中间的门前。门上的牌子有一个算式：100+99−98+97−96+……+3−2+1= □。

加减号小姐妹正在卖力地算呢，可是数太多，

她们算了很久，才算到 70 多。

乘号小强说：“我觉得这道题，应该有更简单的方法。”

除号平均分伸出一根手指，放在嘴前：“嘘！别打扰她们工作！”

唐僧只看了一眼题目，就说：“快让括号来！”又对加减号小姐妹说：“你俩先歇歇，让括号帮你们！”

加减号小姐妹停了下来，却都不太高兴。减号妹妹噘着嘴说：“我们都快算到 50 了……”加号姐姐皱着眉问：“括号又不能计算，要他们来干什么？”

这时两括号跑过来，看了题目后，一齐拍胸脯保证：“放心吧，这事交给我俩，包过！”

乘号小强问：“你俩到底能干什么？”

左括号得意地说：“嘿，我们能分类啊！”

“对，因为我们能改变计算的顺序！”右括号说完，给左括号使个眼色，二人马上变出很多分身。这些分身同时冲进算式中，转眼间，算式就变成了：100+（99−98）+（97−96）+……+（3−2）+1= □。这样，每两个括号中都是一个简单的算式，得数都是 1。

大家齐声叫好：“这么变，真巧妙！”

可巧归巧，却又产生了新问题：在100后面，究竟有多少个括号呢？沙僧想到这里，就跑去问师父，却没想到唐僧给他一个大白眼：“你说有多少？我还想问你呢！”

十七、加减有别

沙僧无奈，只好继续盯着算式想啊想。突然，他想到一句话：找规律得从简单的开始，这可是师父唐僧的口头禅啊！

于是，他迅速掏出本子和笔，在纸上写下“10+9−8+7−6+5−4+3−2+1=”，这个算式的结构和100开头的算式相似，却很简单。

沙僧在算式中先加上括号，再一个一个地观察，他发现在10的后面，共有5个1，10+5=15，得数是15。

最简单的搞定了，再复杂一点的会怎样？于是，沙僧又写下“20+19−18+17−16+……+3−2+1”，他发现，在20的后面，共有10个1，20+10=30，得数是30。

沙僧明白了：如果开始的数是10，后面就有5个1；如果开始的数是20，后面就有10个1，看来规律就是：算式中1的数量，就是最开始的数除以2。这样，如果开始的数是100，后面就有50个1了！100+50=150。

想到这里，沙僧大声说："150！"

唐僧立刻露出了笑容，又扭过头对三个字母说："他说得对，行动吧！"

字母a立刻变成150，冲进□中。果然，门开了！

大家一齐竖起大拇指，乘号小强对左右括号说："没想到啊，你俩还挺能耐！"

左括号扬起头，骄傲地说："那是，人不可貌相，海水不可斗量！"

右括号伸出手，竖起大拇指："改变了顺序，就能把计算变简单！"

加号姐姐改变了态度："不错，以后听你们的，不争了，你们也不用总戴个大钢盔了，我都看不清你们的脸！"

减号妹妹却不依不饶："我可不保证！以后不许站在我身边，否则，小心你们的头！"

左括号挤挤眼，调皮地说："哼，就算你请我，我也不会轻易到你的身后！"

唐僧插话道："他说得对，大家要记住——括号真不能随便去减号后面！"

大家一齐望着唐僧："为什么？"

唐僧说："我举个例子，你们就明白了。比如5+3-2，如果加上括号变成5+（3-2），得数还是一样的……"话没说完，乘号小强就说："对，得数都是6！"

"这个例子说明，在加号后面加上括号，不会有问题。但在减号后面加括号，可就错了！"唐僧继续说，"比如5-3+2，如果加上括号变成5-（3+2），会怎样？"

乘号小强蒙了："这个……不加括号，得数是4，加了括号，得数却是0，怎么会这样？！"

唐僧说："如果让你数一群羊有多少只，无论你先数哪只羊，黑羊白羊、大羊小羊、山羊绵羊，最后的得数都一样，对吧？"

大家都点头同意，这肯定没错！

唐僧又说："同样的道理，一些数相加，无论你先加哪几个数，最后的结果都一样，这就是加法的交换律。即使在算式中加了括号，改变了计算的顺序，结果还一样。"

"但是减法就不行了，如果在减号后面加上括号，就得先计算括号里的数，这样就会改变减数，减数变了，结果就变了，也就错了！”

沙僧挠挠头：“对啊，4−3和4−2，得数肯定不一样……”

唐僧笑了：“所以说，能不能加括号，不是一个随便的规定，而是由加减法本身的性质决定的。”

乘号小强却较真儿起来，追着唐僧问：“唐长老，我就想在减号后加括号，还要保证不算错，应该怎么办？”

唐僧说：“那你就得做一件事——把括号里的加号变成减号，减号变成加号，这样才能保证得数正确。”

“好，就按你说的试试，5−3+2=4，我在减号的后面，也就是3的前面加上括号，然后……再把括号里的加号变成减号，这样就成了5−（3−2），啊哈，对了，这么干，得数还是4！”乘号很开心，又很好奇，“这又是为什么？”

“你自己先想想吧！”唐僧有些着急，转身领着大家走到另一个门前。

很快，在唐僧的带领下，7个门都被打开了。特攻队队员们发现，这层的房间中全是数学书，有数学故事书、数学游戏书和数学活动书，还有数学

方法书。

这些书有个共同点：都很有趣。大家本来只想翻翻书，却没想到，一看就进入了书中，一会儿这个傻笑，一会儿那个拍腿，所有人都忘了自己的任务。

也不知道过了多长时间，唐僧突然一拍脑袋："哎，悟空怎么没声音了？"

沙僧放下书，一脸困惑："对啊，大师兄上去后，什么声音都没了，这是为什么？"

十八、对称图形

再说悟空，他很快就缓过劲儿来，爬上第六层。可他上去后，却发现通道中连个人影都没有！悟空又抬头看通道顶部，也没露出洞口——奇怪，那个人能去哪儿呢？

唯一的可能，就是进入了这层的某个房间。

哪个房间呢？只能挨个儿查看。悟空数了一下，这层有6个门，就是有6个房间。之后，悟空就开始解题，他来到第一个门前，见牌子上有4个汉字、1个数字和1个红框，而且它们分成了两行：第一行是“甲士8”，第二行是“由干□”。

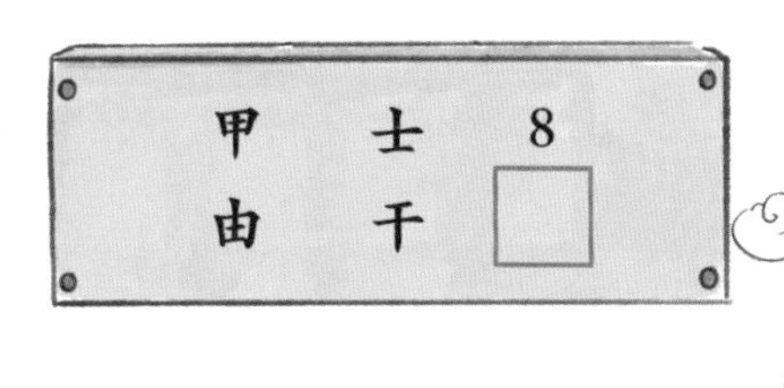

悟空一头雾水，这又是文字又是数字的，到底

是什么意思呢？他想了好久也不明白，只好走到第二个门前。

这个门的牌子上画了三条小鱼，鱼的形状、大小、方向都一样，只是位置不同，第一条最靠上，第二条往下一点，第三条又往下一点。在三条鱼的右侧，有一个红色方框。

悟空毫无头绪，这又是什么意思？想了好久还是不明白，他只好走到第三个门前。

这个门的牌子上画了三个箭头，箭头的形状、大小都一样，只是方向不同，第一个箭头朝上，第二个朝右，第三个朝下，接着是一个红色方框。

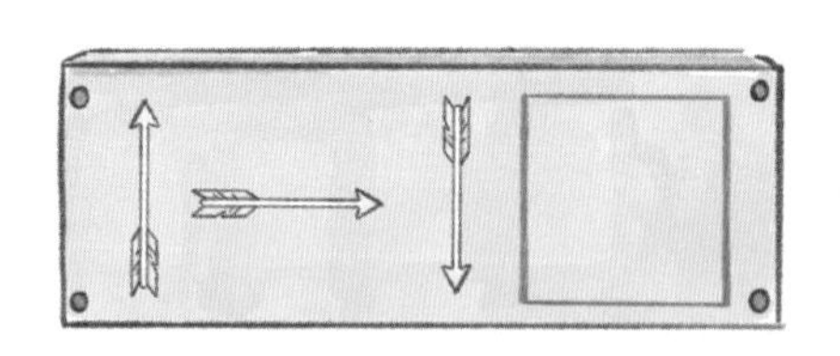

悟空抓狂了，这究竟是什么意思？怎么这层的题全都是图啊！啊啊啊！

他想喊，却张不开嘴，因为爱面子，不愿轻易认输。可是，即使悟空想再久，想得脑袋快裂了，脑浆沸腾了，脑仁都疼了，依然不明白！时间飞逝，直觉告诉他，不能再耽误了，得立刻请人帮忙。

请谁呢？他突然想到：这些是图形吧？图形本

来归几何国管，而几何国的大法师就在下面！于是他跑到洞口，大声喊道："几何国两位大法师，快来帮忙啊！"

这边，唐僧开始担心悟空还不到一秒钟呢，就听见悟空的喊声，他放心地笑了。而比他笑得更欢的，是平移和旋转两位大法师。他俩的嘴巴都快咧到后脑勺了！为什么呢？因为终于有机会亮出自己的本事了！二人就像闪电一样飞奔到第六层。

看完第一题，平移果断地说："大圣，快叫一个字母上来！"

字母c来了，平移指着红色的□说："这里是8！"字母c就变成8，冲进门中。咣当一声，门开了！

悟空一个箭步就窜进房间。可惜房间里并没有人，只有一个超级大的铁罐，也不知里面装的是什么。铁罐外还有管道，通向上层。

悟空走出房间，问二位法师："为什么会是8呢？"

平移说："前面三组字，每一组都是上下对称的。这个8也特殊，它的两个圈大小相同。所以按照这个规律，下面的数还应该是8。"

悟空不信："真的？我怎么没看出来！"

旋转说："大圣要是不信，我就给你写出来。如果是轴对称图形，你沿对称轴折一下，它们就能重合。”说完拿出本子和笔，写了上下两行字，上面是“甲士8”，下面是“由干8”。

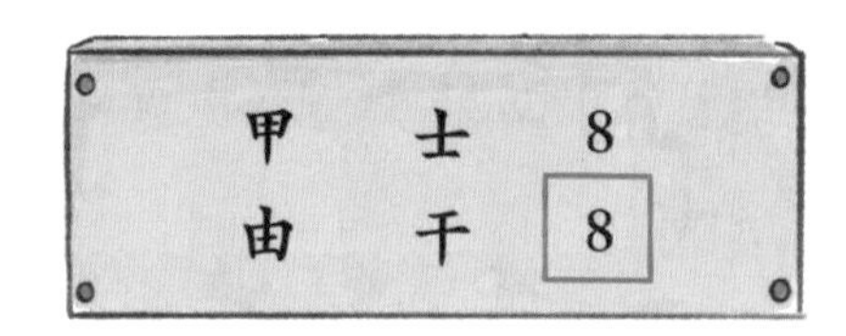

写完后，旋转把纸撕下来，递给悟空。悟空找准两行字的中间位置，轻轻一折，再举起纸片，对着光看：“嘿，还真的能重合！”

旋转很得意：“**这说明它们是轴对称图形。沿着中间的那个折痕画一条线，就是对称轴。**”

悟空反复观察纸片：“上下一对折，就发现了轴对称图形，真稀奇！”

平移说：“其实对称并不难，只要你画出来，再多看几遍，自然就能明白。大圣只是被这些字给搞糊涂了。”

悟空终于开窍了：“对呀，这些字其实是图形！这也太坑人了！”说完，他又躬身施礼：“二位法师本领高强，请受我一拜！”

二位法师连忙还礼：“大圣别客气，有事尽管说！”

悟空问：“我有个问题，几何国的人都像二位一样会推理吗？”

平移说:“这只是最简单的推理，我俩能看出来，更多是因为熟悉图形。”

旋转说:“对，其实我们哥仨最擅长的是图形的变化。”

悟空很好奇:“哥仨？还有谁？”

“还有我大哥，他叫对称，”旋转用他的肩膀，撞了一下平移，接着冲自己竖起大拇指:“他是我二哥，我嘛，就是三哥啦！”

悟空直皱眉:“不对吧，三个兄弟你最小，应该是三弟，怎么成三哥了呢？”

十九、平着移动

平移说：“大圣不知道，我这三弟有个心愿，他从小就想当我哥，可这个心愿永远不能完成，所以啊，他就得过过嘴瘾！”

三人都笑了，悟空也明白了，这旋转法师，虽然身高体壮，性格却像孩子一样，活泼又调皮！就说：“好吧，请问三哥，大哥为什么没来？”

旋转说：“大哥最近出差，去物理世界了。”

悟空很好奇：“物理世界，这又是什么？它在哪里？”

平移说：“它就在数学世界下面，但它是什么，我也说不清，你们得亲自进去看看才能知道。”

“对，据我所知，数学世界有好几个出口，能进入物理世界。”旋转说。

这时，三人已走到第二个门前，平移看看门上的牌子，说："这三条鱼的变化规律是：位置逐渐往下，所以红框中也应是鱼，而且是相同方向，只是要再往下一些！"

说完，平移变出一个分身，让它冲向牌子上的第三条小鱼。奇迹发生了，多了一条小鱼，这条小鱼沿着水平方向，慢慢向红框移动！更妙的是，虽然鱼在动，但它很平稳，鱼头的方向始终没变。

很快，小鱼进入红框中，接着又向下移动，最后在红框的底部停下了。只听咣当一声，门开了！

"这也太简单了，真……"悟空的话，只说了一半，因为他被房间中发出的光芒吸引住了！这光芒虽不强烈，却五颜六色，十分好看。光芒是从哪里来的呢？

原来，房间正中央立着一个大锅一样的东西。大锅的表面镶着很多小钻石，它们发出各种颜色的光，各种光会集在一起就变成了奇妙的光芒。

悟空围着大锅转了一圈，也没找到黑衣人。但他看到大锅后面有粗大的管道，是通向上层的，悟空自言自语："这就是传说中的接收器了！"话音刚落，身后传来减号妹妹的声音："好漂亮啊！"

悟空回头看，发现所有特攻队队员，包括八戒和贾老汉，都进了这个房间。原来大家听见悟空的喊声后，都很担心，就全爬到了六层。

乘号小强问："这是接收器？能接收什么？"

悟空说："接收器能接收人类大脑中对数学的恨意，哪怕是一点点，它也能收集到，并能把恨意转换成能量。"

大家明白了：怪不得不能消灭没数帮，因为它有后台！而这个后台竟然是人类自己！大家更清楚：机会稍纵即逝，能不能彻底消灭没数帮，就在此一举了！

特攻队队员们想到这些，都变得急不可耐。乘号小强说："还等什么，快开门吧！先将他们一网打尽，再把这些害人的玩意儿全毁掉！"

除号平均分也说："对，把有害的毁掉，把有用的平均分了！"

悟空说："咱们先去开门。这些东西大家先别动，还有，要小心那黑衣人，他肯定在剩下的四个房间中！"

于是大家离开房间，向第三个门走去。悟空边走边问："平移法师，这平移就是只能平着移动？可刚才那条鱼也向下移动了，这算平移吗？"

平移忙说："不不不，大圣，平移的定义是指一个图形中所有的点都朝一个方向移动相同的距离。"

"定义？定义又是什么？"悟空更糊涂了。

"定义就是说清楚一种事物的本质特征。比如平移的本质特征就是所有的点都向同一个方向移动相同的距离。任何图形的变化，只要具有这个特征，就符合定义，就是平移。"

悟空还是不太懂，就问："好吧……生活中，有什么东西的变化算是平移呢？"

平移说："有很多！比如公路上行驶的汽车，上来下去的电梯，流水线上运送的物品，它们的移动，都是平移。"

悟空问："电梯上上下下，也算平移？"

平移连连点头："对，无论什么方向，只要移动的距离相同！当然，还有一个前提，就是这个东西的大小、形状不能变。"

悟空问："要是距离不同呢？"

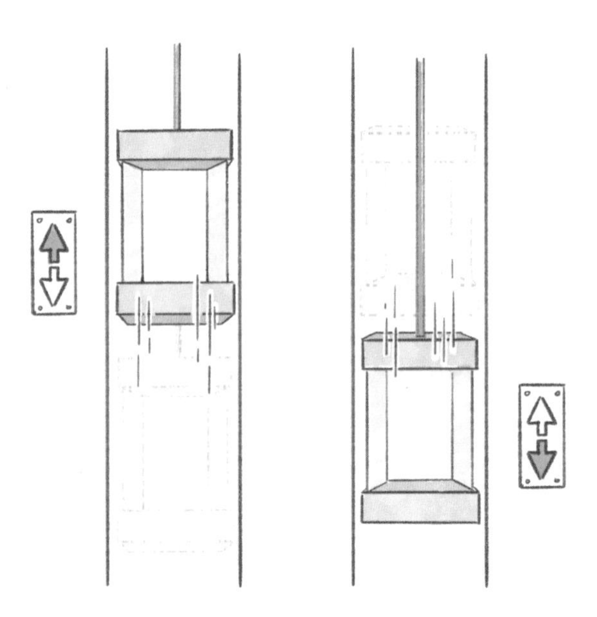

平移说："那就不是平移了！可能是旋转，也可能是其他的。"

这时，八戒插话问："那有什么东西的变化是旋转呢？"

悟空不屑地说："这还要问？哪吒的风火轮的变化就是旋转！"

八戒问："不对吧，风火轮虽然会转，可哪吒还能向前走，应该是平移！"

"旋转！"

"平移！"

就这样，悟空和八戒吵了起来，只为风火轮到底算什么变化！

二十、又遇冤家

旋转说："二位别吵了，风火轮是通过旋转完成平移，也就是说，它同时发生了两个变化。"

悟空不解："明明是旋转！"

平移说："大圣别急，请你细想——如果轮子转了一整圈，那么它上面所有的点，就朝相同的方向移动了相同的距离，对吗？"

悟空点点头："对！"

"这个变化，具有平移的本质特征，符合定义，那就是平移。"旋转说。

悟空气得直挠头："嘿，张口闭口都是定义！我倒要问你们，到底是人说了算，还是定义说了算？"

二人笑了："大圣，在下定义时，是人说了算，但定义确定之后，就是定义说了算！"

唐僧插话道：“二位法师说得对，数学世界中的定义就是规则，是比金箍棒还硬的规则！”

悟空无奈，只好说：“好吧，我再想想！”

这时，他们来到了第三个门前。旋转看了题，说：“前三个箭头的变化规律是顺时针旋转，所以，红框中的箭头应该是向左。”

平移说：“三哥，我先把箭头平移到红框中，你再来旋转。”

悟空却说：“为什么不学风火轮，旋转的同时平移？这样多快！”

“这样容易错。”旋转说。

“为什么？”悟空问。

“大圣不知，控制旋转有两个要素：**第一是围绕着哪个点转，这个点应该是固定的，叫定点；第二是转多少度，如果旋转时平移，定点就得运动**，这事就复杂了。”旋转解释道。

平移接着说：“所以我们俩得分步进行，先平移，再旋转！”说完，他变出一个分身，这个分身冲向牌子上的第三个箭头，又变出一个箭头，这个箭头平移到红框中停下。

旋转念起口诀：“定点正中间，顺时针旋转九十度！”接着他也变出一个分身，这个分身冲向红框中的箭头。箭头开始顺时针旋转，停下时，箭头的方向正好朝左。只听咣当一声，门开了。

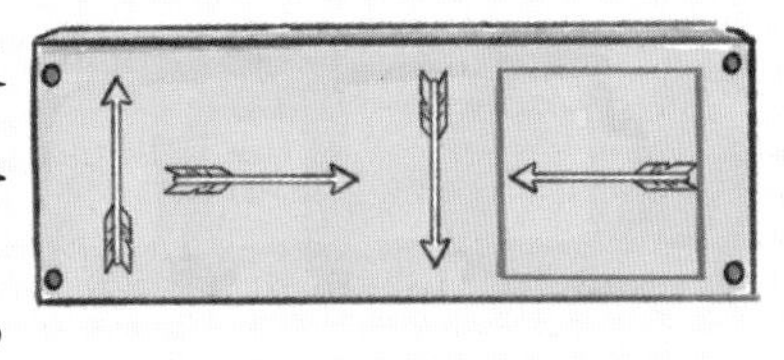

房间中也发出奇妙的光芒！原来这里也有一台接收器！

这时，悟空看见一个黑影在接收器后一闪！他快步跑到接收器后，见地上有一根粗木棍，再抬头一看，不禁笑了：那黑衣人正趴在管道上，努力向上爬呢！

爬高是悟空的强项。他迅速爬上去，抓住黑衣人："再让你跑！"黑衣人还想逃脱，挣扎了几下，可毫无用处，很快被制服。悟空将黑衣人带回到地面。特攻队队员们知道抓了俘虏，都凑过来看热闹。

悟空二话不说，扯掉黑衣人脸上的丝巾，定睛一看，却被吓了一跳："小钻风？你不是死了吗？怎么在这里？"

黑衣人直哆嗦："在下是小钻风，当时……的确被您打死了，可我也不知道怎么回事，就到了这里……大圣饶命！"

悟空拍拍脑门："真是个冤家！"

小钻风快哭了："谁说不是呢！"他又遇见悟空，很可能又被打死，有什么能比这更倒霉？可他还不

想死，就来了个竹筒倒豆子，一口气全交代了：“羊灰山上下共九层。第九层存放原料，中间的火炉是火力发电机，发电给上层的制作毒物的机器用。”

“第八层制造四种毒物——销魂栗子、幻影串串、英雄糖饼、快乐调料。销魂栗子是刚刚引进的，还没有上市，另外三种都卖得很好，挣了很多钱。”

八戒抬手就要打：“销魂、销魂，我先削你的头！”吓得悟空连忙拦住八戒：他可不能有事，还得靠他得到情报呢！

唐僧说：“幻影、幻影，幻觉中的影子，让人注意力不集中，什么都不会有！”

乘号小强说：“英雄糖饼？不喜欢听别人的想法，才不是英雄呢！”

减号妹妹说：“快乐调料？别人都不学习了，你们就快乐了？！”

小钻风连连点头：“原来如此，怪不得豆大王不许我们吃，谁偷吃了，就会被罚去采石头。对了，第七层放数学书，如果书太多放不下，就运到第九层的火炉中烧掉。”

唐僧问：“这些书从哪里来的？”

“买来的，用卖药挣的钱。”小钻风说。

悟空又问：“这第六层是干什么的？”

小钻风一脸痛苦的表情，连连摆手：“这是绝密，我不敢说，说了就没命了！”

悟空冷笑道：“你说不说？”

二十一、榆木脑袋基地

小钻风双腿瘫软，一屁股坐在地上：“好，我什么都说，只求大圣能饶我一命！”

悟空说：“只要实话实说，就饶了你！”

小钻风说：“第六层是接收器，能接收能量和信息，然后传送到上层。”

悟空追问：“送到上层干什么？”

小钻风说：“能量传送到第五层孵化室，用来孵化出没数帮的新成员。”

大家听了这话，个个目瞪口呆：没数帮的人竟然是从蛋里孵出来的！

悟空又问：“还有信息呢？”

小钻风说：“信息传送到第四层信息室，直接被输入新成员的大脑中，他们就不用学习了。”

大家听了这话，都非常羡慕：还有这种好事？这也太先进了！

八戒赶紧说："这个太好了，快给我来点儿！"

谁知小钻风却哭丧着脸说："别提了，这么弄根本不行，这些人都特别笨……"

八戒说："骗人！大脑里的信息多，肯定更聪明，怎么会笨呢？"

小钻风说："因为没思考！虽然他们的大脑中有很多本书，并能将每本书倒背如流，却不知道是什么意思，更不知道怎么用。他们遇到问题时，要么背书，要么发呆，啥也干不了！这些人，唉，榆木脑袋！"

唐僧说："这就对了，这样才算符合科学规律——不思考，脑子里即便有再多信息，也是没用！"

八戒还不死心："可是我见过你们帮里的几个人，他们都挺正常的！"

小钻风说："你见的那些人都是正常人。孵化项目做了半年，但一直没成功。虽然孵化出不少新成员，可惜他们什么都干不了，哪里敢让他们出门啊！"

悟空笑了："这么说，你们忙来忙去，只弄出一帮榆木脑袋？"这话听得大家苦笑。小钻风继续说："所以豆大王命令，从今晚开始，四、五、六层的工

作全部停止，明天开会后要开始新的项目。”

悟空一听，顿时来了精神：“什么新项目？快说！”

小钻风摆摆手：“大圣，还没开会呢，我真不知道呀！”

悟空想想也是，就换了个问题问：“为什么只见到你？其他人呢？”

“大王叫我来巡山……”小钻风竟然习惯性地唱了起来，正要继续唱，悟空果断地伸出手打断了他：“快，拿出来！”

“拿什么？”小钻风不解。

“腰牌！”悟空说，“既然你唱的歌都和原来一样，肯定也有腰牌了！”

“大圣料事如神，我心服口服！”小钻风从腰中拿出一个木牌，哆嗦着递给悟空。这木牌有巴掌大小，中间有个圆形的按键，小钻风说：“只要用它对着房顶或者地板，再按键，就会有洞口出现，并有梯子下来。上下通行无阻。不过要想进房间，还需要密码。”

悟空很满意，接着问：“密码是多少？”其实他不怕做题，但有了密码，上去的速度会快得多。

“我只知道第四层房间的密码，4 个房间从左到右，密码分别是 1、3、3、1，只要在门口念出数，门就会打开。”小钻风说。

大家又惊呆了：这么简单！这是真的还是假的？

小钻风说："各位，真这么简单，这里的人，数学本来就差，要是复杂了，没人能记得住！"

悟空喝道："胡说，吃我一棒！"他捡起地上的木棍晃了晃，又问道："你不知道其他房间的密码，怎么会跑进这个房间？"

小钻风脸都绿了，不停地作揖："大圣，好大圣，听我说！我能进这个房间，是情急之中做出了门上的题。"说完就哭起来，又是鼻涕又是眼泪。二者混在一起，糊了一脸。

悟空却不为所动，仍然举棒要打，小钻风举手

求饶:“大圣，大圣，我还知道七层中间 3 个门的密码是 15、20、15，不信您去试试！”

“沙和尚，你下去试试。”悟空刚说完，沙僧就和乘号、大于号一起去了七层。

“算你态度好,我先不打你,接着说,其他人呢？”悟空又问。

小钻风抹了一把鼻涕:“豆大王给大家放假了，今天休息，所有人都在酒店呢。明早开会。”

突然,加号姐姐拍了一下巴掌,兴奋地说:“哈哈，我们知道了！”

减号妹妹说:“对，我们知道了所有房间的密码！”

二十二、破解密码

加号姐姐让悟空拿出图纸，姐妹俩先在第四层的 4 个格子中写下 4 个数，分别是 1、3、3、1，又在第七层中间的 3 个格子中写下 3 个数——15、20、15。加号姐姐说：“根据这几个数，我俩猜出了所有的密码！”

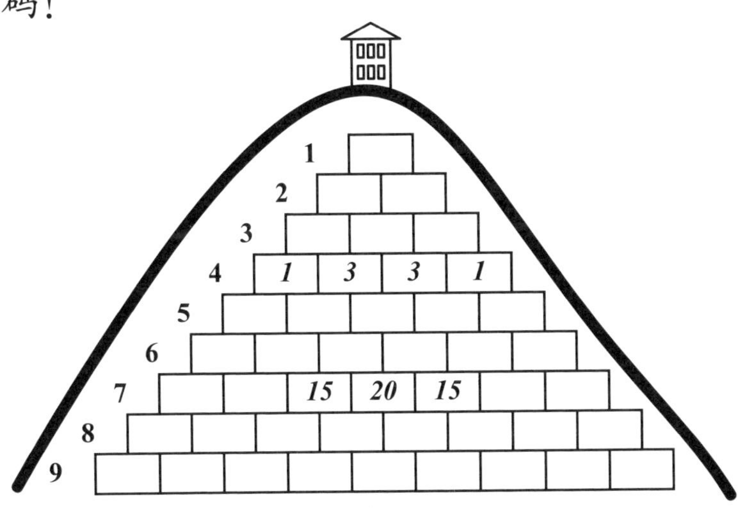

乘号小强说："不可能！"

等号说："让她俩说嘛。"

悟空说："对，快说说，是多少？"

加号姐姐没说话，却提起笔，在每个格子中写数。

在第一层中，写下1；

在第二层中，写下1、1；

在第三层中，写下1、2、1；

在第四层中，已经写好1、3、3、1；

在第五层中，写下1、4、6、4、1。

这时，减号妹妹说："除了第一层及每层两侧的数，格子里其余的数，都等于它上面两个数的和。"

悟空挠挠头："是啊，真是这个规律！"

加号姐姐继续写，在第六层中，写下1、5、10、10、5、1。

在第七层中，加号姐姐在左边的两个格子中写下1、6，在右边的两个格子中写下6、1。这四个数与原来三个数连起来就是1、6、15、20、15、6、1。

这时，大家都看懂了，15、20、15这三个数恰好验证了规律是正确的。

这时沙僧跑了上来，气喘吁吁地说："大师兄，密码没错！"

听到这话，所有人都松了一口气。悟空说："看来小钻风没骗人，这个房间的密码是多少？咱们再试一次吧！”

减号妹妹用手指着图，说：“第六层从左边数第三个门，它的密码是10！”

八戒跑出房间，先关上门，接着大喊：“10！”

只听咣当一声，门开了！大家都好开心，知道了每个房间的密码，任务很快就能完成！这时，加号姐姐已经在所有格子中写好了数。

大家看到：

第八层是1、7、21、35、35、21、7、1。

第九层是1、8、28、56、70、56、28、8、1。

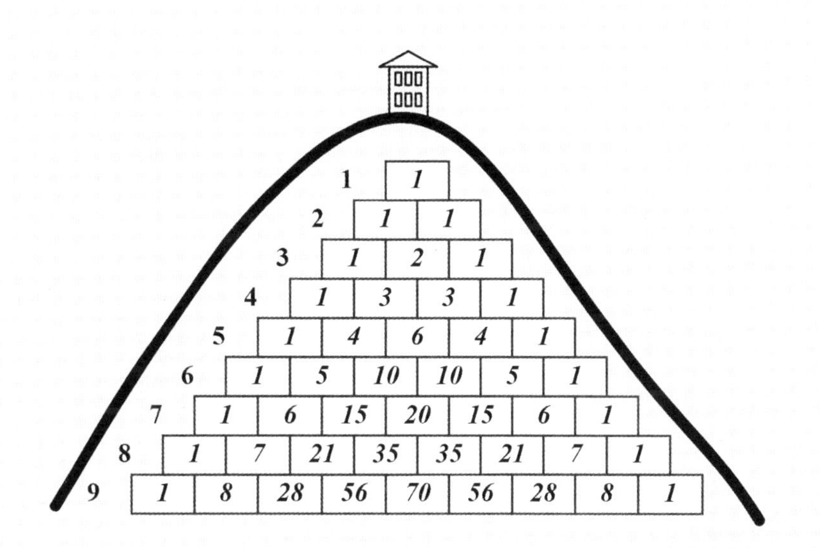

大家看到，除了第一层及每层两侧的数，其余格子里的数都符合一个规律：是它上面两个数的和。

这样排出的数阵，既简单，又工整。这种独特的美丽让每个人都啧啧称奇。

乘号小强问："好神奇！你们是怎么发现的？"

减号妹妹说："根据小钻风说的 7 个密码，我们就接着猜呗！"

不承想，唐僧却非常激动，他指着图纸大声说："这，这，这……这是**杨辉三角**啊！"

大家糊涂了，一齐说："唐长老，是羊灰山，不是羊灰三角！"

"我说的杨辉是一个人名，杨树的杨，光辉的辉，他是中国人，是一位伟大的数学家！七百多年前，他在书中就写出了这个数字阵，叫杨辉三角！"唐僧慢慢地说，"从此，数学世界中也有了伟大建筑——杨辉三角塔。它被誉为数学奇观，可问题是，很多年前，它就被毁了啊……难道这羊灰山就是杨辉三角塔？"

这时，传来一个嘶哑的声音："唐长老说得对，这里就是杨辉三角塔！"

大家扭头一看，说这话的竟是贾老汉，都不禁纳闷：他怎么会知道？

贾老汉走到唐僧跟前，说："杨辉在《详解九章算法》一书中记录过这数字三角阵，但也注明了'贾宪用此术’。也就是说，这是中国数学家贾宪最早发现的。”

唐僧连连点头：“对！杨辉三角也叫贾宪三角，西方叫帕斯卡三角，因为在贾宪之后600年左右，有个叫帕斯卡的法国人，也发现了同样的数字三角阵。”

还是悟空反应快：“老人家，您也姓贾，难道您是贾宪的后人？”

“大圣不知，自从贾宪发现这三角阵后，数学世界中就有了伟大建筑——贾宪三角塔。我家祖祖辈辈都是这三角塔的看门人。”贾老汉说，“后来，三角阵被杨辉发扬光大，三角塔扩建了几次，名字也改成杨辉三角塔，被誉为数学奇观。可没多久，数学世界发生了暴乱，没数帮趁机霸占了三角塔，他们杀害知情者，破坏路标，又在三角塔上盖了一层石块和土，硬是把远近闻名的三角塔变成了默默无闻的羊灰山。”

唐僧恨恨地说：“现在的羊是山羊的羊，灰是灰尘的灰，这全是没数帮干的好事！”

悟空问贾老汉：“既然你是知情者，怎么还能活下来？”

二十三、杨辉三角（上）

贾老汉说："没数帮想改造三角塔，但不知道它的内部结构，而我是最了解三角塔的人，所以他们没杀我，可我的家人，唉，全死了！"

大家听了很气愤，非常同情老人。乘号小强问："为什么没数帮要霸占三角塔？"八戒也问："对啊，为什么要选这里呢？"

贾老汉说："据他们说，接收器放在这里信号最强。"

唐僧想了想："杨辉三角有很多神奇的特征，或许真是这样。"

悟空把小钻风捆起来，像拎粽子一样，把他提到旁边的房间。回来后，悟空说："师父，现在全指望您了！"

唐僧有些惊讶:“指望我?我能做什么?”

悟空说:“没数帮到底想干什么,咱们得想想啊!他们肯定有阴谋。”

八戒说:“想什么呀,赶紧上去,抓住豆一样,就全知道了!”

悟空摇摇头:“咱们已经破译了密码,随时都能上去。但上去太早,没数帮的人还没到齐,就会有漏网之鱼。我们在这里等等,也正好趁这工夫,学习一下三角塔的知识,等上去后,就能识破他们的阴谋。大家说,我的主意怎么样?”

大家都点头同意,一齐看着唐僧,等他说话。谁知唐僧淡淡地说:“杨辉三角有很多特征,你们可以自己先找找。”说完,他就趴在接收器上,仔细看上面的钻石。

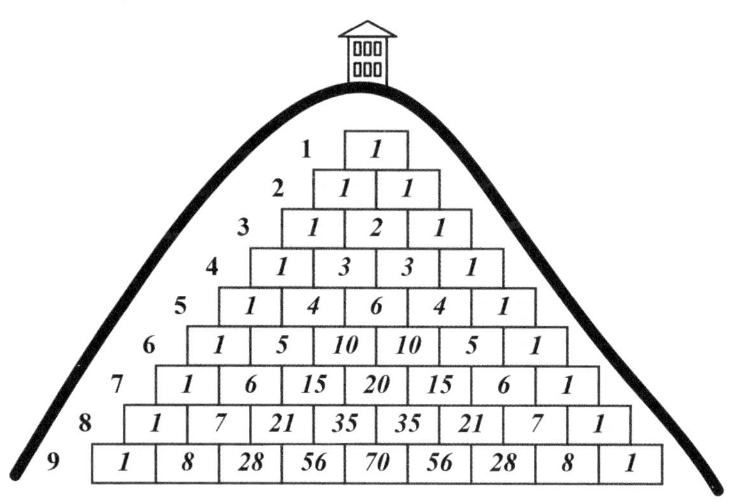

三个徒弟只好拿起图纸看。最先说话的还是八戒:“哎,我发现一个特征,最外层的数字始终是1!”

唐僧应道:“好,继续!”

沙僧说:“我也发现一个特征,这东西是左右对称的!”

唐僧点头:“好,继续!”

悟空说:“师父,这个三角阵能延伸更多层吧?”

唐僧露出了笑容:“对,两两相加,可以有无限多层,这个特征很重要,继续!”

八戒又说:“斜着看,第二层的数是1、2、3、4、5、6……是从小到大排列的!”

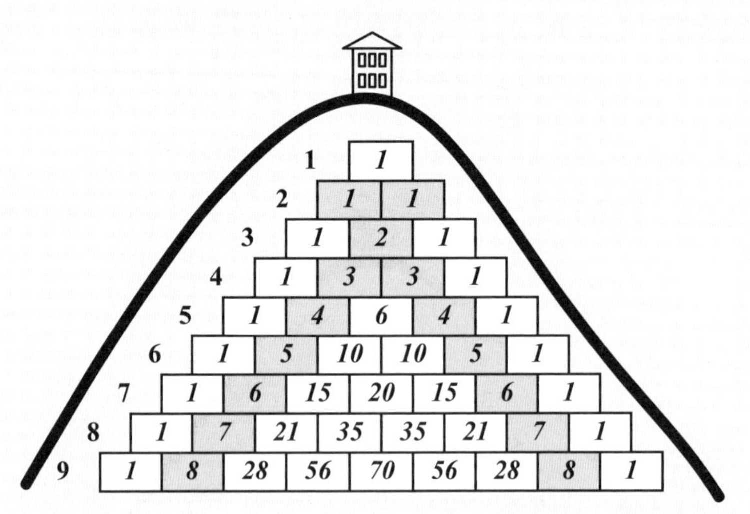

沙僧跟着说:“还是左右对称的呢,左边这样,右边也这样!”

唐僧说:“对,如果前面再加个0,这些数就能组成一个完整的**自然数数列**。”

悟空问：“师父，什么是自然数？”

唐僧说：“自然数，就是0、1、2、3、4……这样的数。自然数是人们在数数时产生的，所以自然数能反映事物的个数，也能表示事物的次序。”

八戒吸吸鼻子：“那数列又是什么啊？”

沙僧趴在八戒耳朵上，小声说：“二师兄，数列就是一串有规律的数，所谓规律，就是某种规则或形式，黄金女王讲过的！”

八戒脸红了。唐僧又问：“还有什么特征？仔细看！”

房间里很安静，过了一会儿，唐僧转过身，指着图纸说：“大家斜着看第三层，是1、3、6、10、15、21、28，这些数组成了一个**三角数数列**。”

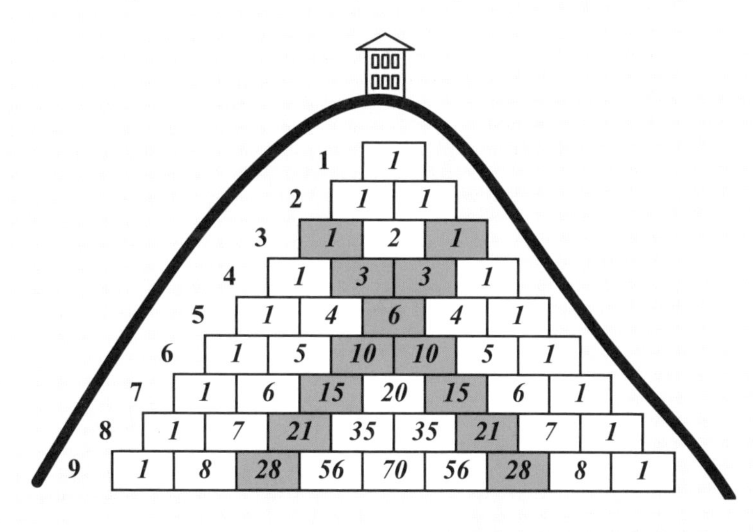

悟空的问题立刻就来：“什么是三角数啊？”

“如果我们用小圆点表示数，一个数中有多少个 1，就有多少个圆点。比如，2 有 2 个圆点，3 有 3 个圆点，9 有 9 个圆点。”唐僧耐心地解释道，“**如果一个数的圆点正好能组成一个正三角形，这个数就是三角数。**”

大家都糊涂了，悟空问：“正三角形又是什么？”

旋转法师说：“**三条边都相等的三角形，就是正三角形。**我明白唐长老说的了，看我的！”说完，他拿出本子和笔就画。画好后传给大家看，每个人都竖起了大拇指，因为一看这张图，大家立刻就理解了唐僧的话：用 3 个圆点，能组成正三角形，用 6 个、10 个、15 个、21 个、28 个圆点，也能组成正三角形！唯一的区别是三角形的大小不一样。

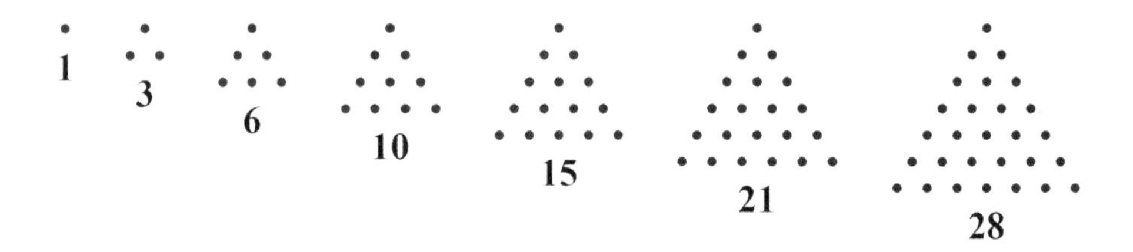

沙僧说：“师父，照这样下去，斜着第三层里全都是三角数？”

唐僧说：“对啊，这就是个三角数数列！”

悟空挠挠头：“没想到啊，明明是一堆数，却能和图形联系起来！”

唐僧笑了：“所以这杨辉三角塔才被称为伟大建筑啊！”

八戒问：“师父，除了三角数，还有什么数？有圆形数吗？”

“没有圆形数，悟能，你又信口开河！”唐僧又一拍脑袋，“不过，多亏你提醒，这三角阵里还有正方形数，你们找找吧！”

沙僧满脸委屈：“师父，我们还不知道……什么是正方形数呢！”

唐僧却若无其事：“不知道没关系，你们可以猜啊！”

二十四、扬辉三角（中）

要说猜，八戒最喜欢了：“正方形数……就是一个数的圆点正好能组成一个正方形？”

唐僧点点头：“对，你挺会猜嘛！那你们先试着写出几个正方形数？”

沙僧边画边算边说：“边长是 2 个圆点，二二得四，边长是 3 个圆点，三三得九，边长是 4 个圆点，四四十六……”

“我明白了，正方形数就是相同的数相乘得到的积！”悟空说，“看我的！五五二十五、六六三十六、七七四十九、八八六十四、九九八十一，就这些了！”

“不对！还差一个！”八戒眨眨眼，调皮地说。

悟空问：“还差什么？”

“根据你的定义，还有一一得一！”

悟空气得瞪起双眼："真是鸡蛋里挑骨头！"

唐僧说："悟能说得没错，1既是三角数，也是正方形数。"

沙僧对着本子念："1、4、9、16、25、36、49、64、81，这些数都是正方形数。"

唐僧说："不错，正方形数简称正方数，大家在三角阵里找找吧！"

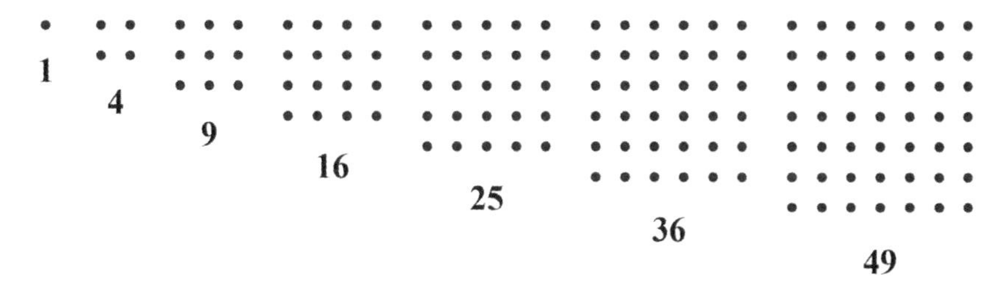

可是，大家盯着图纸看了好久，也没找到正方数！每个人都想最先找到，每个人都在心中呼喊：正方数数列，你到底在哪里呢？

最后，悟空说："我好像找到了，斜着看，第三层的数，相邻的两个数相加，结果就是4、9、16、25、36和49，对吗？"

唐僧很高兴："你真棒！第三层相邻的两个数相加，得到的和就是正方数，这些数组成了一个正方数数列，这是杨辉三角的又一个特征。"

悟空却问："正方数数列、三角数数列，它们都有什么用处呢？"

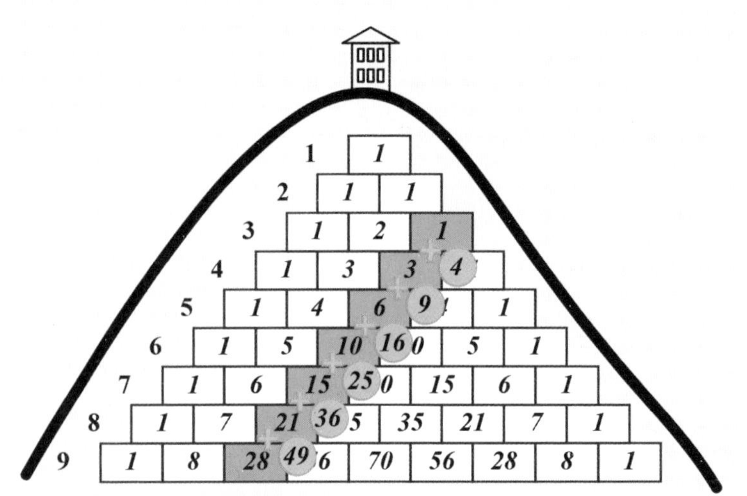

唐僧说："时间紧迫，以后我再讲用处。咱们抓紧时间，再学习一个特征。你们把每层的数相加，看一看，得出的和有什么规律？"

八戒的嘴快，又专挑简单的说："第一层是 1，第二层是 2，第三层是 4……"

加号姐姐接着说："第四层是 8，第五层是 16，第六层是 32，第七层是 64，第八层是 128，第九层是 256！"

沙僧记下这些数，问道："1、2、4、8、16、32、64、128 和 256，这里面有什么规律呢？"

乘号小强说："这个我知道，每个数乘以 2 的积就是下一个数！"

唐僧称赞道："说对了，这是一个 2 倍增长的数列。"

乘号小强很得意："其实啊，这就是翻倍数列！"

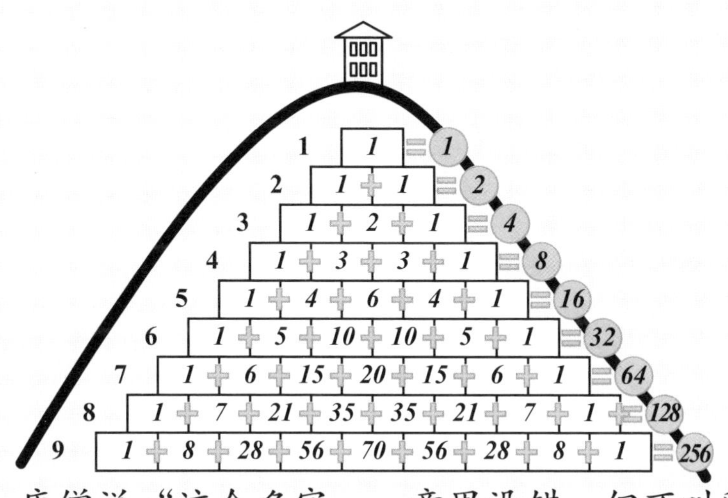

唐僧说："这个名字……意思没错，但不叫翻倍，而是叫**等比数列**。"

沙僧皱起眉头："师父，要是这么算，再往下几层，数会很大！"

唐僧拍了拍沙僧，笑着说："是啊，所以有棋盘放米粒的故事呢！"

听到有故事，八戒顿时来了兴致："棋盘和米粒，这是什么故事？"

唐僧说："据说在一个国家，有一个大臣立了功，国王想奖励他，就让他自己说想要什么。于是，大臣提了个请求：在国际象棋的棋盘里放米，第 1 格放 1 粒米，第 2 格放 2 粒米，第 3 格放 4 粒米，第 4 格放 8 粒米……依此类推，每个方格中米粒的数量都

是前一个方格的2倍。棋盘共有64个方格，都放满米后，赐给他就好了。”

悟空的反应最快：“哈哈，这米粒数组成的数列就是刚才说的等比数列嘛！”

“我怎么好像有一种不祥的预感……”沙僧瞪着双眼，一眨不眨地说。

“国王觉得这些米很少，就一口答应下来。可放米的时候却大吃一惊！开始时用的米很少，可是到第20格时，就需要80多千克米了，国王赶紧让人计算。他们发现，到第30格时，就要将近90吨米，第40格时，竟然要9万多吨！国王根本拿不出这么多米，更不要说到第64格了！”唐僧说。

八戒追问道：“第64格要放多少米啊？”

唐僧说：“按大臣的要求，第64格要放1.5万亿吨米，想不到吧？”

乘号已经笑得直不起腰了：“哈哈哈，这国王太大意了，他不知道翻倍有多强！”

沙僧伸出双手：“我说对了吧，国王破产了。”

悟空赶紧问：“真的会破产？他会不会把大臣杀掉啊？”

大家想知道国王的结局，可唐僧却不说话了！

二十五、杨辉三角（下）

悟空见唐僧不说话，转身问道："你们说，师父最爱谁？"

八戒忙不迭地说："当然最爱我！"

沙僧说："不对，师父最爱天下的百姓！"

悟空说："你们都错了，师父最爱——卖关子！"

这句话惹得众人哄堂大笑，唐僧也笑了："你这猴子，就爱耍贫嘴！"

悟空说："那您快说，国王到底怎样了？"

唐僧说："大臣本来就知道这个奖励不可能实现，但他还是提出来，为的是让国王重视数学，让老百姓受到良好的数学教育。只有这样，国家才能强大。当国王明白他的想法后，大臣就主动收回了请求。"

大家纷纷点头称赞：这个结局很完美！

八戒说：“我以为这些数列没有什么用呢。”

唐僧说：“数列体现着规律，规律不是凭空冒出来的，它们都是人们在生活中总结出来的。学会数列后，再把它用于生活，才能体现出数学的力量。”

悟空问：“好玩儿！好玩儿！师父，这三角塔中还有什么数列？”

“我再说最后一个，你们再换个角度看，把这条线上的数相加，看一看这些数有什么规律？”唐僧边说，边用手指在图纸上第二层左侧的1和第三层右侧的1之间画了一条线：“就是这个角度。”

八戒说：“1+1=2。前三个数是1、1、2。”

根据唐僧画的线，平移画出更多斜线。加号姐姐负责计算：“第三层中间的2和第四层右侧的1相加等于3……”最后，沙僧在本子上写出一行数：1、

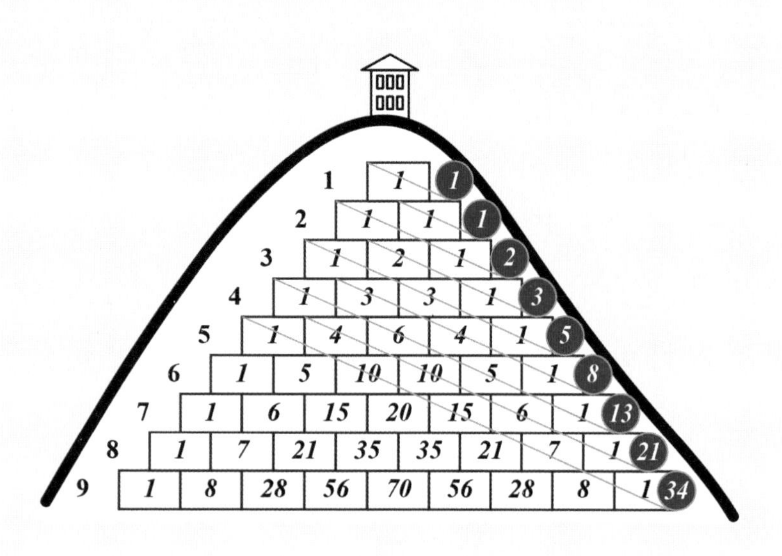

1、2、3、5、8、13、21、34。三个徒弟很惊讶：这竟然是个F数列——**斐波那契数列**！

沙僧惊叹道："这这这……杨辉三角和黄金女王有关？"

可除了师徒四人，其他人都不知道斐波那契数列。八戒和悟空就轮番上阵，给大家讲斐波那契数列与花瓣、贝壳等的关系，又讲起黄金女王和她的美丽花园。大家听得津津有味！

二人讲完后，沙僧掰起手指头，小声念叨："杨辉三角里有自然数数列、三角数数列、正方数数列、等比数列和斐波那契数列，这也太多了，我都记不住了！"

这话恰好被唐僧听见了："还有更多呢！你们只要记住'杨辉三角充分体现了数学的美丽'就好了！"

八戒说："不光美丽，还很神奇！我还要见黄金女王，再跟她好好学学！"

加号姐姐也说："我终于明白，为什么说杨辉三角塔是伟大建筑、数学奇观了。"

贾老汉说："这是先人留下的好东西，我们得保护好，把数学发扬光大啊！"

乘号小强见缝插针地说："说得好！我宣布本公司从即日起，工作重点变为开发杨辉三角塔，让所

有人都来这儿旅游观光！”

减号妹妹撇撇嘴：“怎么又是你？杨辉三角是加法的功劳，和你有什么关系？”

乘号小强说：“当然有关！你看等比数列就和我有关吧？再说了，本公司财力雄厚，能广泛地宣传，从而有助于将它发扬光大呀！”

除号平均分说：“如果大家都知道了它的妙处，那不用你宣传，也都会来这里！”

“这些都是后话。各位，现在我们必须集中精力打败敌人！”唐僧一句话，又把大家拉回现实中。这时，外面传来急促的喊声：“大圣！大圣！”

这声音是小钻风的。于是，悟空又像拎粽子一样把小钻风提回这个房间。

小钻风为什么喊？因为他心虚。刚才他说了一通，听上去是全说了，其实，他是说了一半藏了一半。可他后来又一想，这样做不行：如果没数帮赢了，豆大王不会饶他，因为他说了一半；如果没数帮输了，悟空也不会饶他，因为他藏了一半。与其两头不讨好，不如全说出来，还有活命的可能。

躺在地上的小钻风，哭得鼻涕眼泪糊了一脸。他说：“好大圣，我还有重要情报，我全都告诉你！只求饶我一命！”

“那就快说！”悟空解开小钻风身上的绳子。其实，悟空取经归来后，性子缓和了很多，即使对妖魔鬼怪，也给予改过自新的机会。可他的这些变化，小钻风并不知道，他以为悟空还是原来的爆脾气——说打就打、说杀就杀呢！

松了绑的小钻风说：“孵化项目失败了，所以豆大王想干一件大事，以给数学世界致命一击。”

“啊！”这话把所有人都吓了一大跳。

二十六、放大器

小钻风说："要干这件大事，就得先安装机器，所以豆大王吩咐我提前下来看看情况。"

"什么机器？"悟空问。

"放大器。这东西总共有10台，如果它们同时开动，就能将接收器中的能量最大化，再用发射器发射出去，威力就像激光炮一样，能炸毁任何事物，所以豆一样将这套装置叫作激光大炮。"小钻风说。

悟空急了："他要炸毁什么？"

小钻风说："听大王说，要先炸模型井。"

"模型井是什么？"悟空完全摸不到头脑。

"这个……小的真不知道。"小钻风说。

唐僧说："模型井是数学世界和人间的联系通道。要是毁掉模型井，数学世界也就被毁掉了。物理世界也好不了。”这话让大家心惊肉跳，变了脸色。

悟空接着说：“你慢慢说，细细讲，这些机器要安装在哪里？”

“第六层中间的 4 个房间，第七层中间的 3 个房间，第八层中间的 2 个房间，第九层中间的 1 个房间。总共 10 个房间。”

悟空按小钻风说的，在图上标出房间，这 10 个房间的密码分别是 5、10、10、5、15、20、15、35、35 和 70，哎，这里好像有什么规律呢？大家都在冥思苦想。

八戒最先看出来：“这些数全是 5 的倍数……”

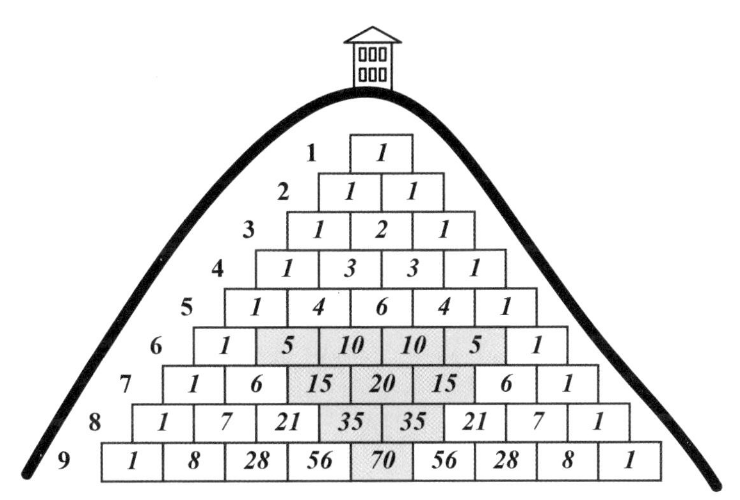

原来如此！其实，这是杨辉三角塔的又一个特征：这些 5 的倍数能形成一个倒着的三角形。

悟空问：“什么时候安装放大器？什么时候启动

激光大炮？”

小钻风说：“豆大王正在第一层等我呢，我得马上回去。他把放大器给我，让我今天安装好。明早开会时，他就会启动激光大炮。”

悟空又问：“为什么让你来安装？”

“大圣不知，安装放大器很重要，得让聪明人来做……”

“这么说，你是聪明人了？”悟空问。

“那当然，在没数帮，我可是顶聪明的呢！”小钻风露出骄傲的神色，却惹得大家一阵哄笑。

八戒实在忍不住了：“快快快，赶紧冲上去，抓住这群坏蛋！”

悟空却很冷静：“有了腰牌，冲上去容易，抓人也不难，可就怕豆一样狗急跳墙，毁了放大器……”

唐僧说：“悟空，你野心不小，又想抓人，又要机器？”

悟空说：“那当然，这东西有用！咱们快想想，有什么办法能拿到放大器？”

沙僧说：“要安全快速地拿到放大器，只能让小钻风回去。”

悟空直摇头说：“不行！”

八戒说：“那你就变成小钻风！”

悟空直翻白眼，他们都知道数学世界里没有神通。八戒这么说，分明是故意气人。可悟空转念又一想，突然有了主意：不能变，咱可以假扮啊！

于是，悟空拉来小钻风，扯下他身上的黑衣。可怜的小钻风，最后只穿个小裤衩，又冷又怕，哆哆嗦嗦。唐僧见状，只好脱下外衣给小钻风穿上。

悟空穿上黑衣，用黑纱蒙住脸，摘下头上的金箍，拿起腰牌，又回到小钻风身边，和他说了几句话。正要出发时，八戒跑过来问：“你上去了，我们怎么办？”

“在这里等着，要是有人下来，就控制住他们。”悟空指指小钻风：“喏，和他一样！”说完，他就跑到通道中间，按下腰牌上的按钮！

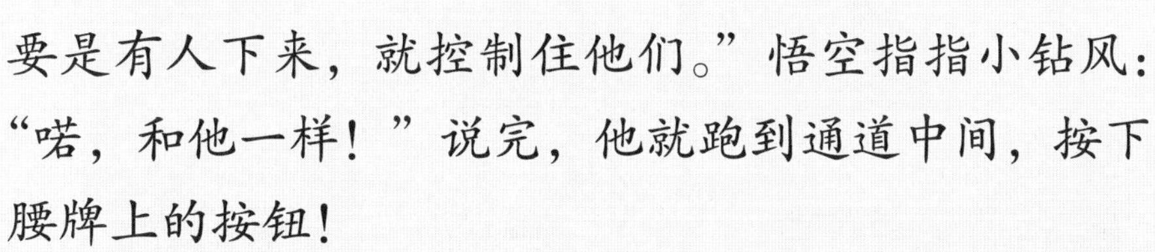

果然，通道顶部露出洞口，并弹出折叠梯。就这样，悟空不停地向上走，从第六层到第一层。这一路，他没看到一个人。

第一层只有一个房间，而且房门开着。悟空站在门口喊："小钻风求见！"

屋内传出一个洪亮的声音："进来！"

悟空走进房间。这房间很大，却没有什么家具，显得空空荡荡的。房间的正中央有一个八仙桌，八仙桌边坐了三个人，他们在悠闲地喝茶聊天。坐在中间的是个老头儿，他皮肤黝黑，高大健壮，穿着短衣短裤，露出一身的肌肉。他的右边是位体态优雅的中年妇女，左边是个白胖的小伙子。

悟空想："按小钻风说的，这老头应该就是豆一样，女的是老二梅计划，胖小伙子是老三吴逻辑。"

这时老头儿开口了，正是刚才的大嗓门："小钻风，下面怎么样啊？"

悟空双手抱拳，说："报告大王，一切正常，可以安装了！"

"那就尽快，放大器在这里！"老头指指桌角，那儿放着一个大布袋。

悟空心中暗喜，快步走到跟前，正要拎起布袋，却听那中年妇女说："等等！"

二十七、一网打尽

悟空心中一惊："坏了，难道我被识破了？"

却听那妇女说："小钻风，你怎么还蒙了个面纱？像个刺客！"

听到这话，悟空放心了，因为他事先知道：这几天小钻风一直流鼻涕、打喷嚏，而梅计划爱干净，所以她要求手下，如果有病就要戴口罩，以防止传染。

悟空弯腰道："回二当家，小的感冒了，恰好口罩又用完了，只好用纱巾蒙脸。"

胖小伙子说："这颜色不错，嘿嘿，我也想试试。"

豆一样抬起手，不耐烦地说："好了好了，这都是小事，快去干活儿！"

这话给悟空解了围："报告大王，我去了！"说完他背起布袋，扭头就跑，心里别提多高兴了！悟空拿着腰牌，一路向下，跑到第六层。特攻队队员们得知悟空拿到了放大器，都高兴得直拍巴掌。

悟空把布袋放在第六层，准备战斗结束后再让小钻风安装。至于怎么用，他已经想好了，到时自有安排。接着，悟空又捆好小钻风的手脚。等一切都准备好后，悟空下令：大家一起往上冲，到第一层抓住三个魔头，消灭没数帮！

唐僧隐约觉得这样不行，就问："悟空，你计划好了吗？"

悟空很得意："放心吧，师父，一切都在掌控中！咱们冲上去，把他们一网打尽！"

于是悟空拿着腰牌，冲在最前面；八戒举着九齿钉耙，沙僧拎着降妖宝杖，二人紧随其后；其他人也呼呼啦啦跟在后面。众人一起向第一层发起冲锋！

可是，等特攻队队员们爬到第一层，冲进房间时，却全都傻眼了！因为他们发现房间里什么都没有！

这是为什么？就这么一会儿，发生了什么？

大家正迟疑时，只听哗啦一声，从天花板上落下一张大网！这网的丝绳，极有弹性而且很结实，用手抻不断，用刀也割不断。网的边缘拴着又粗又重的铁链，凭这几个人的力气也抬不起来。

谁能想到没数帮会用这招儿，所以，没人能逃脱，全都被网套住了。更要命的是，人越在网中挣扎，丝绳就勒得越紧，到最后，所有人都不能动弹一分一毫。

八戒大喊："怎么搞的，猴哥？"

"我也不知道！"悟空很无奈。

"不是一切都计划好了吗？"八戒又问。

"计划不如变化快！"沙僧垂头丧气地说。

唐僧一句话也没说，因为他明白：此时埋怨悟空，没有任何用处。

本想把敌人一网打尽，没想到，却被敌人"一网打尽”了！更搞笑的是，用的确实是一张网！这张网让特攻队队员们变成了“鱼”，可怜哪！

此时，悟空的心情仿佛一桌子好菜突然被打翻在地并混在一起，什么滋味儿都有。可悟空是谁啊，他是齐天大圣、斗战胜佛，经历的大事太多了，即便再危险、再紧急，即便没有工具、没有救兵，他也不害怕。因为他的心中只有一个念头，就是怎样战胜对手！

这时悟空看到房间门口站着一个人。此人身形高大，正是豆一样！

豆一样得意地大笑，接着几十个黑衣人冲进屋中，把特攻队队员像捆粽子一样结结实实地绑了起来，不仅绑了手脚，还用布堵上嘴，再把他们一个挨一个地扔在墙边。不用说，九齿钉耙和降妖宝杖也都被抢走了。黑衣人又搬来八仙桌和凳子，豆一样、梅计划和吴逻辑继续围在桌边，这次没喝茶，而是喝酒吃肉。

三人先各自喝了一杯酒，豆一样先说：“就等他们来呢，果真送上门了！”

吴逻辑说：“大王料事如神，计划周密！”

梅计划说：“他们都知道您不会算数，却绝对想不到，大王您善于推理、精于计划！”

豆一样说："他们也永远想不到——老二你虽然不爱计划，却擅长解题；老三你虽然不会推理，却计算得又快又准！"

三人哈哈大笑，又干了一杯酒："为我们的完美组合，干杯！"

特攻队队员们很惊讶：这些情况以前根本不知道，他们本以为没数帮的人数学都很差呢！

三人放下酒杯，豆一样说："现在有了人肉炮弹，也有了发射器，万事俱备了，哈哈哈！"

梅计划说："那现在就行动吧，装上人肉炮弹，炮轰模型井！"

特攻队队员们都大惊失色：这下可糟了，就在今天，不但自己，还有数学世界，全部完蛋了！

二十八、模型通道

豆一样吃了一口菜，说："急什么，小钻风安装放大器还得用两小时呢。二妹你呀，哪里都好，就是做事没计划！"

梅计划有点儿脸红，吴逻辑嚼着嘴里的肉，呜噜呜噜地说："要是有计划，二姐就无敌了。学数学真费力！哎，这个菜好吃！"

这几句话，说了三件事，三件事之间还毫无关系，让别人摸不着头脑。豆一样看看梅计划，无奈地说："唉，老三还是这样，前言不搭后语！要是有点儿逻辑，就不会这样了……"

梅计划说："这正是三弟的特点啊！别忘了，他计算力超强！"

豆一样说："可没有逻辑总是让人觉得，他精神

有问题！要不这样吧，等过段时间，我去化学世界转转，给他找个药方治治病！”

谁知吴逻辑说：“我没病，不用治！”

豆一样被气得够呛，不知说什么好。梅计划赶紧说：“三弟就这样，你别和他认真！对了，他刚才说学数学费力，倒是没错。”

听了这话，豆一样笑了：“是啊，想当年，咱们也不学数学，就是一个劲儿地捣乱。”

梅计划接着说：“后来才发现，要毁掉这数学世界，还得用数学知识，只好从头学起。”

豆一样又说：“多亏你俩努力。来来来，老三，你表演一个，让他们见识见识。你说 35 加 48 等于多少？”

“83。”吴逻辑头都没抬，顺口就说出答案，继续埋头啃肉。

特攻队队员们都惊了，他算得好快，好像比加号姐姐还快呢！

豆一样对着特攻队队员们，得意地扬扬头，说：“看到了吧，你们谁能做到？”

梅计划说：“别理他们了，他们马上就是炮弹了，还说这些干啥！”

这时的悟空在暗自憋劲，想要吐出堵在嘴里的布。这布又骚又臭，实在难以忍受……可这布塞得太紧，他只能用舌头一点一点地往外推。

豆一样又喝了一杯酒，说："逗个乐呗，要不然干什么呢！老三，小钻风要安好放大器，还得多长时间？"

吴逻辑抬起手腕，看看表："还有 1 小时 22 分 50 秒。"

梅计划说："大王，正好有时间，您给我们讲讲为什么咱这激光大炮，不轰别的，单单要轰那模型井？"

豆一样说："二妹你不知道，这模型井连接着人间和数学世界。一旦模型井坏了，两个世界就都得毁灭。中间的物理世界也得遭殃。"

梅计划问："什么是模型井？"

"举个例子，数学应用题中常常用到算式——路程＝速度 × 时间。这个算式就是一个最基本的模型。"

"嗨，这个……小学生都知道，也算模型？"梅计划不解。

"现在大家都知道，就不觉得难了。在最开始时，可不是这样的！"豆大王抓了一把花生塞在嘴里，边嚼边说，"那时人类没有物理，没有数学，遇到事情，全靠平时积累的常识，比如遇到老虎要快跑，

这快跑就是提高速度。再比如，速度不变，路程越长，走的时间就越长。”

梅计划说：“这些常识没错啊！”

“常识没错，可这之间的关系没说清楚啊，也不能进行精确计算。后来，在物理世界中，有人专门研究路程、速度与时间的关系，总结出一个公式，就是路程＝速度×时间。有了公式，人类的常识就不再模糊了。”

梅计划说：“明白了，再把数代入公式，就能精确计算了！”

豆一样连连点头：“对，就是这样！所以一个模型就是一个通道，连着人间、数学世界和物理世界，数学世界在最上面，物理世界在中间，人间在下面。时间长了，‘模型’被叫成了‘模型井’。”

“如果模型井被毁了，人类会怎样？”梅计划继续问。

豆一样得意地说：“不能计算了呗！人类没有公式，只靠常识和感觉，就会犯糊涂。数学世界没有公式，人类就不能解题和计算。这样的数学世界对人类来说完全没用，很快就会被彻底忘记。到那时，数学世界就真的毁灭了！”

吴逻辑突然放下肉骨头，问道：“如果数学世界毁灭了，我们去哪儿啊？”

这一问，让所有人都陷入深深的思考：对啊，数学世界毁灭了，我们去哪里呢？

二十九、谁是叛徒

豆一样哈哈大笑:“别担心！咱们都去销魂世界，对对对，就是生产销魂栗子那地方！那里可好了，什么烦恼都没有，永远都快乐！”说到这儿时，他眼睛放光，很是兴奋。

悟空终于吐出嘴中的布，他立马大喝一声:“臭妖怪，你别得意！”

豆一样见说话的是悟空，就笑着说:“你都成这个熊样了，我不得意，难道该你得意？”

“你用网把我们套住，不算本事！”悟空不服气。

“这是神机妙算、一招制胜好不好，这不算本事，什么算本事？”豆一样嘲笑地问。

“要讲本事，就比比谁的脑子灵！来来来，咱们一起做几道题，谁不敢，谁就是失败者！”悟空故意说出重话，想激怒豆一样。

梅计划说：“大王别理他，一会儿先把他当第一颗炮弹发射出去！”

豆一样却摆摆手：“二妹别怕，咱们这是猫捉老鼠的游戏，玩玩！”

悟空却说：“要玩可以，但你得先说好，要是我赢了，怎么办？”

梅计划指着悟空道：“臭猴子，你都这样了，还能怎么办？你赢了，大不了让你多活一会儿！”

“哎，咱没数帮是大帮派，那就要有大帮派的样子！”豆一样很有信心，对悟空说，“你要是赢了，我就请你喝杯酒，再送你去见阎王！”

悟空笑道：“哈哈，喝酒我喜欢，但我得坐在桌上喝，你敢同意吗？”

“怎么喝都一样，我有什么不敢的！”豆一样拍了一下桌子，“来人，把那四人蒙上脸，给我带上来！”

不一会儿，黑衣人领着四个人进来了。这四个人穿着黑白相间的条纹衣服，身上绑着绳子，脸上围着纱巾——纱巾的颜色各不相同，有黄、红、蓝、黑四种颜色。他们分别是黄脸人、红脸人、蓝脸人和黑脸人。

豆一样对这四人说：“你们还有什么说的，就现在说吧。这是最后的机会！”

黄脸人朝着蓝脸人和黑脸人说：“叛徒是他俩中的一个。”

红脸人朝着黑脸人说：“叛徒就是你！”

蓝脸人说：“叛徒不是我。”

黑脸人说：“我才不会当叛徒呢！”

这四人都说完了，豆一样扭头对悟空说：“这四人中有一人是叛徒，只有叛徒说的是假话。也就是说，刚才四句话中，有三句是真的，一句是假的，你来说谁是叛徒？”

八戒听题后，直接晕倒在悟空肩膀上。他最怕推理了，尤其是这样复杂的题。

吴逻辑不停地摇头：“这我可不知道！”

梅计划说：“三弟，你就别说话了。”

悟空心想：“师父和我说过，遇到这种题目，只要一个一个地去思考，就一定能找出答案……嗯，好，不要慌，慢慢来！”

接下来，悟空是这样思考的：

如果黄脸人是叛徒，他说的是假话，其他三句就是真话。既然都是真话，互相之间就不会有矛盾。可红脸人说黑脸人是叛徒，黑脸人说自己不是叛徒，两句话互相矛盾。所以，黄脸人的话为真，他不是叛徒。

如果红脸人是叛徒，其他三句话就不会有矛盾。

但蓝脸人和黑脸人都说自己不是叛徒，与黄脸人说的有矛盾。所以，红脸人的话为真，他也不是叛徒。

如果蓝脸人是叛徒，其他三句话也不会有矛盾。可红脸人和黑脸人的话还是互相矛盾。所以，蓝脸人的话为真，他也不是叛徒。

想到这里，答案就应该是黑脸人了。但悟空很细心，他又检查一遍，直到他确认后才喊出来："黑脸人是叛徒！"

豆一样露出诡异的笑容："对了，来人，把他抬上来，给他一杯酒喝！"

两名黑衣人走过来把悟空抬到八仙桌旁。可悟空被捆成了粽子，根本没法坐在凳子上。豆一样又说："把他腿上的绳子解开，没事，都一样，他跑不了！"

悟空坐好后，梅计划不由分说，拿起一杯酒，就灌进悟空嘴里。她实在担心豆大王再给悟空松绑。她知道大王豆一样的缺点，就是对数量的多少完全没感觉。

这时，豆一样目露凶光："酒喝了，我再送你份大礼，让你看看，谁是叛徒！"

悟空正暗自得意，想寻找机会来个反攻呢，可他却怎么也没想到，等他抬头看后，竟然被惊得从凳子上摔了下来！

三十、悟空出题

究竟什么事能让鼎鼎大名、身经百战的齐天大圣、斗战胜佛从凳子上摔下来？

因为悟空看到：那黑脸人竟然是超罗！他被五花大绑，面容憔悴，脸色苍白。

原来，在九九纪念碑中，悟空与超罗相遇时，超罗已下定决心，不再与数学世界为敌。于是，他在最后一小时，把没数帮的所有秘密都告诉了悟空。悟空的所有情报都源于超罗。

刚才，悟空虽然被捉住，可他总觉得超罗一定会出现，帮大家脱离险境。可万万没想到，超罗也被抓了！最后一丝希望在刹那间破灭，所以悟空身子一软，就摔到了地上！

“害怕了？齐天大圣也会胆小？哈哈哈！”豆一

样笑话完悟空，又指着超罗的鼻子说，“你这个小混蛋，我对你不薄，什么都让你学会了，你还是勾结敌人，做了叛徒，实在太可恨了！”

梅计划说：“大王别生气，其实我们得谢谢他呢。没有他，就引不来这些人，我们更得不到九齿钉耙，对吧？”

豆一样想了想，哈哈大笑：“对，谢谢他！我不生气！”接着他转过身，对特攻队队员们说：“反正你们都要见阎王了，就让你们做个明白鬼吧！我的激光大炮分为三部分：接收器、放大器和瞄准器。我找齐了前两样，可瞄准器，怎么也找不到。因为数学世界中根本没有好铁！为这事，我可愁坏了！”

“可是，没想到，你们把瞄准器送来了！对了，刚才那杯酒算我付的快递费，将来你们到阎王那儿，不要说我抠门啊，哈哈！”

他走到墙边，拿起九齿钉耙，看了又看、摸了又摸，口中念道：“嗯，好铁！这铁一定耐高温，做瞄准器正好。”原来，这九齿钉耙是太上老君用神冰铁亲自锤炼，重 5048 斤，材料好、用料足，绝对是一件好兵器。

这时，八戒已经苏醒，他拼命晃动身子，用鼻子发出突突的声音。豆一样见他这样，就让人拿出他嘴中的布，想听听他要说什么。谁知八戒张嘴就喊：“钉耙是我的，酒该给我喝！”

“你这么闹腾，原来就为一杯酒，真没出息！好吧，成全你，来人，给他一杯酒！”豆一样说。

八戒说：“慢！刚才那猴子坐着喝酒，我也要坐着喝！我还要吃菜！”

豆一样说：“嘿！你想得倒美！不过，你可以陪我玩玩。咱俩比比，你赢了，就依你，有酒有菜；你输了，哼，我就给你一钉耙！敢吗？”

八戒毫不服软：“谁怕你，出题吧！”

悟空却插话道：“等等，你俩要比出高低，得让别人出题才行！”

“谁出题都一样，就你来出题吧！”豆一样很兴奋，他一只脚踩着凳子，一只手拿着酒杯，眼睛直盯着孙悟空。

梅计划说：“大王，他俩每天都在一起，这猴子知道的，那猪肯定也知道。”

豆一样一挥手：“二妹不用担心，今天我就让他们输得心服口服！”

此时，悟空的大脑在飞快地思考：出什么题呢？

要避开豆一样擅长的，就不能出推理题；还要防止他们作弊，梅计划会解应用题，也不能只出应用题；吴逻辑擅长计算，更不能只出计算题。

这么一想，答案就明显了：这道题，不需要推理和计划，也不能是一般的应用题，还有，计算要很麻烦、结果要很惊人！

目标明确了，悟空立刻想到了“棋盘放米粒”的故事，但直接说出来又有一个问题，那就是八戒的嘴快，万一被他说漏了嘴，反而更丢脸！

那就改一下题目？同样的思路、同样的算法，只是表现形式不一样。

把米粒换成什么呢？悟空一低头，看见了怀中的地图，于是他想到了纸，把一粒米换成一张纸？嗯，没错，米粒的重量很小，纸张很薄，米粒是数量翻倍，纸张的厚度……怎样翻倍呢？

对了，只要把纸对折，厚度就翻倍了！

这么修改，只要八戒稍微用点儿心，就能照猫画虎，找到正确答案。豆一样对数量没感觉，梅计划能列出算式，却算不出结果，等吴逻辑算出来时，以豆一样大咧咧的性格，早就说出错误的答案了！

想到这儿，悟空大声说：“注意听题！你们两个人能把一张纸连续对折 64 次吗？”

三十一、对折纸张

悟空说完问题后，房间里变得很安静，因为大家都在思考。

果然，豆一样最先说话："当然可以！有什么不可以？没数帮跟你们斗争这么多年，可现在马上就要赢了！更何况，折纸这种小事，有什么难的？"

梅计划说："大王稍等，我列出算式，咱们算算再说！"

悟空并不慌张："我告诉你，100 张纸的厚度是 1 厘米。"

可是，出乎悟空的意料，八戒也跟着说："100 张纸的厚度是 1 厘米，折 64 次就是 60 多张纸，厚度总共……还不到 1 厘米，这有什么难的？我也能！"

悟空心中暗恨：“呆子，不是我不帮你，是你实在不动脑子，这题跟棋盘放米粒其实一样，要是挨了一钉耙，可别怪我！”

豆一样听了八戒的话，更自信了：“没错，这题太简单，再来一道吧！”

悟空说：“简单？你们确定自己说得对？”

梅计划却说：“等等，大王，这题不简单，有陷阱！”这话还没说完，豆一样就把胸脯拍得梆梆响：“大丈夫一言既出，驷马难追！”

梅计划说：“咱们从简单的开始算，10张纸的厚度需对折几次？”这话本来是问豆一样的，却没想到被八戒接上了：“二五一十，5次！”

悟空急了：“呆子，师父说的话，你全都给忘了？”

八戒说：“没错啊！猴哥你看，对折一次，是2张纸的厚度，对折两次……啊，错了，是4张的！再对折一次，啊，错了，是8张的！”

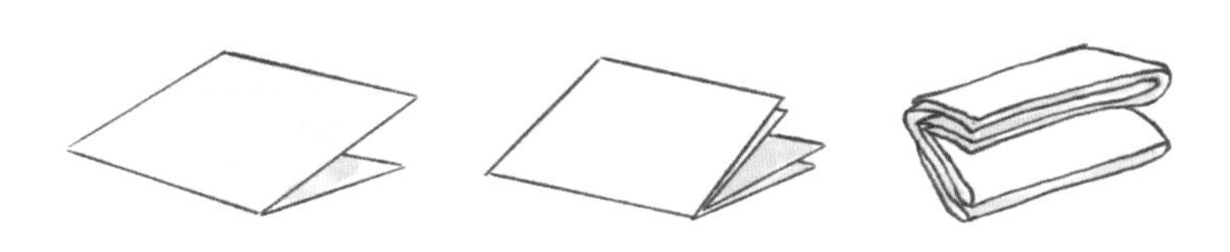

悟空说：“傻了吧，对折一次，厚度就翻倍，你还没想起来？米粒你白吃了？棋盘你白放了？”这话几乎是在说答案了。可八戒还是没想起来，一脸

的迷茫。悟空气得没法了，扭头对唐僧说："师父，以后再别给他讲故事了，他听了也白听！"

可惜，现在的唐僧被捆成了粽子，嘴里塞着布，什么也干不了。他只是动了动，表示听见了。

这时，梅计划问吴逻辑："三弟，对折一次，纸张的张数是 1 乘以 2，第 10 次时，就是 10 个 2 相乘，10 个 2 相乘等于多少？"

吴逻辑说："1024。"

梅计划说："1024，就算 1000 吧，1000 就是 10 个 100 张纸，100 张纸的厚度是 1 厘米……"

吴逻辑说："10 个 1 厘米，就是 10 厘米。"

梅计划又问："三弟，那对折了 30 次，纸张的厚度就是 30 个 2 相乘再除以 100，等于多少厘米？"

吴逻辑说："咱把厘米换算成米吧，大约是 10 万米。"

悟空说："哈哈，照这么算，将纸对折 30 次，总厚度就是 10 万米，可珠穆朗玛峰才 8848.86 米高，请问，你到哪儿找这么大的纸？就算找到了，又怎么把它对折起来？"

豆一样心中惊讶，却不露声色："不就是大纸吗，怎么就没有？慢慢做呗！厚点儿怕什么，慢慢折呗！"

悟空说："好，算你狠，我来帮你算！胖小子，对折 40 次，就是 40 个 2 相乘，再除以 100，等于多少米？"

吴逻辑说："大约 11 万千米。"

悟空又问："50 个 2 相乘呢？"

吴逻辑说："大约 1.12 亿千米。"

"太阳到地球的距离，才 1.5 亿千米，这么厚的纸，你能折得动？这么大的纸，你能做出来？"悟空先问豆一样，又转头问八戒："你能行？"

此时的二人都被惊得目瞪口呆，听了悟空的话，全摇摇头。

"还接着算吗？"悟空问。

"别算了！"豆一样说，"我俩都没赢，也都没输，你再出一题吧！"

话音刚落，一个黑衣人跑进屋中，大声说："禀告大王，小钻风已经把放大器全安装好了！"

豆一样果断地说："好了，不玩儿了，我要开炮了！"

说完他拿起九齿钉耙，走到没有人的那面墙边。他做了个手势，墙上就露出一个正方形洞口。洞中有一个操作台，上面有很多按钮和仪表，奇怪的是，操作台中间还有一个碗口大小的窟窿，黑洞洞的，

不知道有什么用。再看操作台上面，竟然是个巨大的屏幕，上面显示的是三角塔外面的景象！

豆一样拿起九齿钉耙，就像小孩玩橡皮泥一样，轻松地把长柄对折，拧成麻花状。很快，他手里的钉耙的柄变成了一米长、碗口粗的圆柱。

接着，他倒提着钉耙，把那圆柱塞进操作台中间的窟窿里，然后双手握住钉耙两端的齿，转了一转，就像在转动汽车的方向盘一样！

三十二、激发大脑

特攻队队员们看到豆一样摆弄九齿钉耙，就像玩橡皮泥，都暗暗吃惊：这劲头太大了！怪不得他刚才一直说，多厚的纸他都能折呢！

此时，豆一样一只手把着钉耙的齿，另一只手按着操作台上的按钮，眼睛看着前面的大屏幕，就像在开汽车，只不过他是站着。

“完美！到底是神冰铁，能导电，还耐热，就是不一样！”豆一样很满意，他转动九齿钉耙，大屏幕中的画面就跟着变换：有九九纪念塔，有一百镇，最后，画面定格在一片平坦的草地上。

梅计划问：“大王，这是哪里？”

豆一样说：“我也不知道，就随便找个地方，先试试这激光大炮准不准！等我试好了，你再把这些

人挨个放进激发区！”

“好的！”梅计划的声音很清脆。

悟空大声喊：“让我老孙做炮灰，也得做个明白吧！告诉我，激发区是什么？”

梅计划说：“我来告诉你，你明白了，就不要再喊了，好吧？”

悟空点点头，他必须假装很乖，只有这样，才能了解更多秘密，才能发现逃脱的机会。

梅计划说：“接收器收到的信息，复杂度太低。而大屏幕背后有超级射线，人进去后，用射线照一下他的大脑，大脑中的信息就全被激发出来了！所有信息加在一起，复杂度提高了。这样，这激光大炮发射出去，才会有杀伤力！”

“为什么要这样啊？”悟空接着问，还装出一副可怜样儿。

梅计划挺有耐心：“激光炮就这样，要想有杀伤力，既需要能量，还需要信息！信息越复杂越好，也就是说，被激发的大脑越聪明，信息越丰富，杀伤力越强。”

悟空接着问：“被超级射线照过后，人会怎样？”

梅计划撇撇嘴：“会失去所有记忆，不过呢，人还活着！好了，废话少说，告诉我，你们这些人中谁最聪明？”

悟空连忙扭头看八戒：“当然是他！你看他又要喝酒又要吃菜，就他最聪明！”

八戒急了：“别听他的，最聪明的就是那猴子！他又会解题，计算还比我快！”八戒忽然注意到，悟空在对自己挤眉弄眼，心想：“这猴子平时不这样，他要干什么？”

那边的豆一样已经开始试验，他按下按钮，屏幕中的草地一闪，就变成焦炭似的黑乎乎的一片。他又对准草地后的花丛，再次按下按钮，所有花朵一闪，也成了黑乎乎的！

豆一样很兴奋：“太准了，真过瘾！快快快，二妹，快把人放进去。我要开炮，轰模型井！”

梅计划看看悟空，又看看八戒，心想：这两人，谁更聪明呢？刚才豆一样出的题，悟空答对了；悟空出的题，八戒答错了。看来，还是悟空聪明！于是她对黑衣人说：“先把这猴子放进去！”接着伸出手，对着正方形洞口下面一比画，光滑的墙面上就露出一个圆形的洞口。

所有特攻队队员的心都提到了嗓子眼。他们眼看着悟空被众多黑衣人抬起，先是头被塞进洞口，接着整个身体都被塞了进去。大家的心好疼：没有

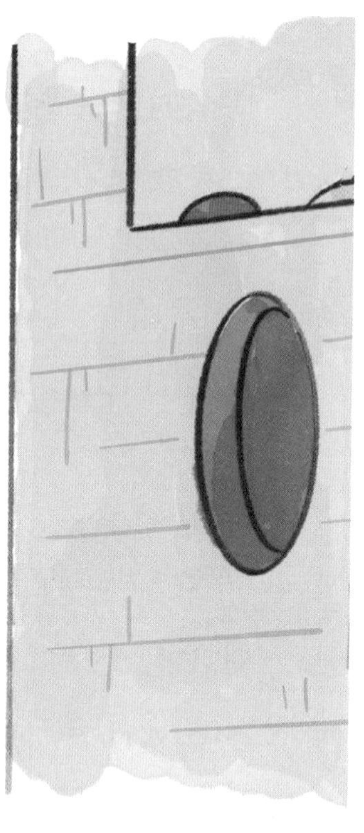

金箍棒的悟空还算是齐天大圣，可没有记忆的悟空还是齐天大圣吗？会有大闹天宫的威风与胆子吗？还会有降妖除怪的雄心与毅力吗？队员们心疼之后，又都害怕起来：连他们的队长都要失去记忆了，队员们也好不了！

豆一样瞄准了一个模型井，又喊道："二妹快来看！这猴子的大脑里还真有'货'，这一炮的杀伤力肯定超强！"

梅计划凑到操作台前，高兴地问："杀伤力能有多强？”

豆一样指着一个仪表盘说：“预测爆炸范围是方圆3千米！3千米内的所有东西都会被这一炮炸得一干二净，哈哈哈！”

突然，梅计划想起个事，就赶紧问：“大王，咱们这是要炸哪里啊？”

豆一样说：“就是这儿啊！关于路程、时间和距离的模型井，这个井离咱们很近，只有2千米！”

梅计划一瞪眼睛，急得说话都结巴了，也不怕豆一样不高兴：“这这这……老大，你也太没数了吧！”

豆一样浑然不觉，因为他从来不想数量，更别说数量之间的关系，所以竟问道：“怎么了？这不挺好的吗？”

梅计划都快哭了：“大王，距离2千米，爆炸范围3千米，这一炮打出去，咱们也在爆炸范围内啊！你怎么就不算算呢？”

三十三、天崩地裂

豆一样愣了，又仔细想想：对啊，2 比 3 小，这不是要把自己炸死吗？就赶紧说：“好，那我换个目标！”说完又转动九齿钉耙，找到一个远些的模型井，重新瞄准。

接着，豆一样伸出右手就要按下那个绿色的、圆圆的、大大的发射按钮。加减号小姐妹哭出了声，她们太心疼悟空了！

可就在这时，奇怪的事情发生了，大屏幕一闪，突然黑了，九齿钉耙也突然没了！豆一样没有钉耙的支撑，忽的一下趴在了操作台上！

为什么会这样？

豆一样直起身来，再看看自己的手，九齿钉耙还在，只是非常小。有多小呢？就像剃须刀那么大——这是怎么回事？

豆一样以为是悟空捣鬼，就从圆洞里把悟空拉出来，审问了半天，发现并不是悟空干的。豆一样正纳闷时，一抬头，突然看见八戒在偷着笑呢！他明白了，先把悟空塞回圆洞，然后走到八戒面前，举起剃须刀一样大的九齿钉耙，气哼哼地问："这是你弄的？"

八戒瞪起双眼："不知道啊！哎，我的宝贝，我的宝贝怎么这样了？你赔我！赔！"

其实，这就是八戒搞的鬼，他刚才见悟空挤眉弄眼，想了好久，才明白过来：他的钉耙，可以按照他的意念变大变小！于是，在关键时刻，八戒在心中喊出无数"小小小"，好大的钉耙就成了剃须刀！

豆一样根本不信八戒，生气地说："快把它变大，不然，我先把你撕碎，再塞进那窟窿中！"

八戒继续装傻："把我放进去，我可不耐高温，你的炮打不成，我也成了罐头！"

豆一样恼羞成怒，抬手就要打，可突然，头顶一声巨响——轰隆！接着，房屋中全是灰尘，什么都看不见了！

过了好一会儿，灰尘落了落，大家才略微能看见：天花板上竟然破了一个大洞！在一股巨大力量的撞击下，大石头做的天花板变成了无数碎石子掉下来。

这些碎石子砸在八仙桌上，也砸晕了桌边的吴逻辑。

大家全蒙了：这是谁啊，有这么大的劲儿？还这么简单粗暴？

豆一样大喝一声："谁干的？给我……站出来！"声音虽响亮，却有一丝颤抖。

大家都抬起头向洞口看去。洞口很亮，过了一会儿，大家才隐约看见洞边站着一位美丽的少女。她穿一身白色的长裙，长发飘飘，气质非凡。

八戒立刻笑了："黄金女王！好了好了，有救了，咱们有救了！"

那人正是黄金女王，她的声音不大，却很严厉："豆一样，你玩够了吧？该跟我回家了！"

豆一样转身就跑，却见女王伸出手，轻轻指了一下，他就倒在地上，不能动弹。与此同时他竟然变成了一个小男孩！女王又指了一下唐僧、八戒和沙僧，三人身上的绳子眨眼间就断了。于是，三人冒着灰尘，行动起来。

唐僧他们给特攻队队员们松绑，队员们相互拥抱，庆祝安全脱险，就连乘号和除号也紧紧抱在一起，很久才松开。加减号小姐妹又哭了，但这次是因为高兴才哭。

沙僧跑到超罗身边，解开他身上的绳子，说："我一猜就是你，要不然，大师兄不会有那么多情报！”

松绑后的特攻队队员们把在场的所有没数帮成员，也像捆粽子一样结结实实地绑了手脚，也一个挨一个地扔在墙边。

八戒跑到操作台下，把圆洞中的悟空拉出来。悟空轻轻给了八戒一拳：“你不早变钉耙，再晚一秒钟，俺老孙可就失忆了！”

“救了你，还不谢我，下次不管了！”八戒揉着肩膀，委屈地说，“不就是慢了点嘛！”

这时，沙僧恰好路过，听到八戒的话，连忙竖起大拇指：“噢，老天！要说装傻，我就服二师兄！”三人都笑了，抱在一起。

等灰尘全落下后，黄金女王轻轻一跃，落在房间中。她走到唐僧面前，轻声说：“唐长老，真没想到，我们又见面了！”

唐僧说：“是啊，今天好危险，多亏你及时赶来，多谢多谢！对了，你是怎么知道这里的？”

女王说：“刚才豆一样打了两炮，恰好打到我的花园，我就根据炮弹的轨迹，找到这里。”

唐僧想了想，拍拍脑门：“我说刚才那草地看着眼熟呢！那豆一样是你什么人？”

女王脸红了：“唉，说来话长！”

三十四、误入歧途

女王说："豆一样是我的徒弟，脑子还算聪明，学会了推理和计划。我本想接着教他计算呢，谁知……"

这时，特攻队队员们都凑了上来，悟空插话道："原来是你的徒弟呀，他带领的没数帮可真没少干坏事！"

黄金女王的脸由白变红，又由红变白，过了好一阵儿，她才说："不好意思，没数帮为非作歹，我的确有责任，很抱歉。刚才，我已把酒店里的坏人全抓住了，各位放心，从今天起，没数帮被彻底消灭了！"

众人听后，又一次高兴得又喊又跳，乘号小强带头喊道："女王！女王！"大家一起喊了十几声才慢慢停下。

黄金女王接着说:“我能找到这里,多亏了你们,没有你们,豆一样就不会开炮,他不开炮,我就找不到他。所以,我还要谢谢各位!”她说完就给大家鞠了个躬。她这么谦卑,大家反倒不好意思了,就不再说没数帮做的坏事。

八戒问黄金女王:“金妹妹,豆一样为什么没学计算啊?”金妹妹这称呼是八戒的发明。他的嘴儿甜,真是谁也比不了。

黄金女王说:“有一次,我有事出门,他趁机溜进五色实验室,偷听到人类的声音后,就好像变了一个人,拒绝学习计算,还说,他恨数学!我就批评了他几句。没想到他竟然跑了!”

八戒拍拍后脑勺:“五色实验室……那五色是什么来着?”

沙僧又掰起手指:“黄色的是牢骚墙,黑色的是谣言墙,蓝色的是困惑墙,红色的是恐惧墙……对了,还有绿色墙,那可是希望墙!”

八戒说:“噢,想起来了,听了希望墙那儿传来的声音,就会有信心,喜欢数学啊,怎么会跑呢?”

“问题就在这儿呢,他只听了黄、黑、蓝、红四面墙的声音,而且听了整整三天!”女王一脸痛惜。

大家都叹息，本来很棒的小孩却走错了路！只因听错了话！

悟空说："金妹妹别急。你这徒儿，倒也干了些好事。他攒了一大堆东西，我猜你能用得上！"

女王好像并不吃惊："都有什么？"

悟空说："有接收器，那个头可大了！它能接收能量和信息，还有放大器。这些东西都在下面呢，要不你去看看？"

女王说："听你的描述，这些机器应该就是我设计的。豆一样离开我时，偷走了我的图纸！"

唐僧很惊讶："你也接收人类对数学的恨意？这不好吧?！"

女王说："哪里啊，唐长老！我设计的接收器是要接收人类学数学、用数学时的快乐，谁知道被他用来接收仇恨了！"

悟空问："可我们去五色实验室时并没看到接收器啊？"

女王说："我本来有一整套计划，那就是先收集人类大脑中因为数学而产生的快乐，再把快乐放大，最后通过绿色墙把快乐发射回人类大脑。这样，人类就会越来越喜欢数学了！"

八戒拍手说："哇，快乐放大计划，太好了，俺老猪就喜欢快乐！”

女王又说：“可豆一样偷走了图纸，就耽误了进度……哼，气死我了！”

唐僧说：“既然你徒弟已经做好了，就下去看看吧，或许能用上呢？”

这时，悟空才想起：“坏了，下面还有小钻风呢！”说完他就叫上沙僧，准备一起冲下去。超罗、乘号小强和除号平均分也想去，于是，几人和女王一起，下去查看机器了。其他队员，则留在原地，看守俘虏。

唐僧坐在八仙桌旁，闭目养神。八戒却又好奇又好动，他跑到操作台前，悄悄把九齿钉耙变大，变回豆一样拧成的样子，又把它塞进操作台的窟窿里。果然，大屏幕亮了，八戒转动钉耙，看到了数学世界的各个地方。

唐僧知道八戒在淘气，就说：“悟能，你可不要乱来啊！”

八戒说：“我就看看3号区，找找太上老君在哪里！”

唐僧说：“你还挺会计划，有进步！这是跟谁学的？”

八戒得意地笑了：“豆一样呗，他不是能推理会计划嘛！”

唐僧说：“嗯，他要是不会计划，就不会把没数帮搞成这么大规模，造出那么多机器了。”

也不知看了多久，突然，八戒打了个喷嚏，他一甩手，无意中按下了那个绿色的、圆圆的、大大的发射按钮。只听轰隆一声巨响，激光大炮响了！

三十五、快乐计划

激光大炮响了，所有人都吓了一跳，同时也很纳闷：要发射这炮，不是需要人的大脑吗？刚才豆一样试射时，圆洞里没人，大炮就没响啊！难道，现在有人了？

八戒弯下腰，查看操作台下的圆洞，惊讶地发现，里面真有个人！这人是谁呢？是梅计划！她还能喘气，也能走，就是啥都不知道了。

原来，刚才趁乱，梅计划爬进圆洞，她本想晚些时候再找机会逃跑。却万万没想到，八戒的一个喷嚏，竟然把自己的大脑给清空了！

八戒抬头看大屏幕，发现这一炮打到了3号区的天空中。他松了口气，擦擦额头上的汗珠，自言自语："还好，没闯祸！"

墙边的豆一样却冷笑道：“二妹的思想要在3号区传播了！”

正在此时，黄金女王和悟空等人回来了。女王急得直搓手：“坏了，坏了，3号区要出大事了！”

八戒不明白：“会有什么事啊？”

黄金女王叹了口气：“已经这样了，等你们到了3号区，再想办法吧！”

唐僧说：“那我们尽快出发，对了，你们刚才下去，情况怎么样？”

悟空说：“没抓到小钻风，被他跑了！”

唐僧说：“没关系，凭他那点儿本事，兴不起什么风浪。”

女王这时面露喜色：“我倒有个好主意，我将下面的机器稍微改动一下，它们就能接收和放大快乐了。我把五色实验室搬到这里，珠联璧合，效果一定好！”

乘号小强说：“杨辉三角塔加五色实验室，还有快乐放大计划，三剑合一，哈哈哈！最有价值的旅游景点，即将由翻倍集团倾情推出！”

减号妹妹说：“你怎么又掺和进来了？”

乘号小强很得意：“我已经和女王说好了，不要你管！”

悟空说:“我倒有个问题，金妹妹，为什么你的计划全和快乐有关呢？”

女王笑着说:“道理很简单啊，有快乐才会热爱，有热爱才会有无穷的动力去做好一件事！”

八戒拍拍肚子:“说得好！我就热爱吃，只要有好吃的，我就快乐。所以啊，吃是我无穷的动力！”

女王轻轻地摇头:“你说的吃只是小快乐，还有很多大快乐呢！”

八戒不以为然:“还能有什么快乐？”

女王轻声说:“虽然吃也快乐，可它来得快去得也快。而有些快乐,更长久,而且是发自内心的。所以,我把它们叫大快乐，比如成就感、掌控感。”

悟空问:“成就感是什么?是我降妖除怪后的那种感觉吗?”

女王说:“对，就是完成任务后那种胜利的感觉!”

悟空挥挥拳头:“这快乐绝对长久，也是发自内心的，是大快乐！”

八戒问:“那掌什么感……又是啥呀？”

女王说:“叫掌控感，手掌的掌，控制的控，就是你学会一个本事后，运用自如的感觉，比如你的钉耙，你想它大它就大，想它小它就小……”

八戒想了想：“嗯，这快乐也长久，也是发自内心的，是大快乐！”

沙僧问：“金妹妹，我读书时，也觉得很快乐，这叫什么感啊？”

女王说：“读书，其实是在探索和发现。你原来不知道的，读书后就知道了，你的好奇心就满足了，就感觉快乐。这感觉，也是掌控感。”

沙僧直拍大腿：“这读书的快乐肯定是大快乐！”

八戒有些担忧了：“说了这么多，可我……还是喜欢吃啊！这算是病吗？”

唐僧笑道：“馋病不算病！怕就怕，你只沉迷在小快乐中，不追求大快乐！”

“其实那毒栗子，就是这么设计的……”女王说到这里，好像想起了什么，就走到墙边问豆一样：“你知错吗？”

豆一样并不服气：“你总想让别人快乐，却不让我快乐！我就不想学计算，这是我的自由，你为什么要逼我？”

女王说：“你这不是追求自由，而是任性，你以为学会了推理就能横行天下了？”

豆一样脖子一歪：“当然！”

女王笑了：“那我出道题，如果你赢了，就给你自由，除了数学世界，你去哪儿都行；如果你输了，就得告诉我毒栗子是从哪里来的，还得好好跟着我学习。怎么样，你敢接受挑战吗？”

三十六、不服再战

“有什么不敢的！但你是师父，我不和你比，我要和猪八戒比！”豆一样虽然年龄小，却很狡猾，他知道八戒的数学有点儿差。

“没问题！小毛孩子，我还怕你？你输了，我就给你一钉耙！怎么样？”八戒勇敢地迎战，因为在他心里，一直憋着口气：如果不是没数帮，他就不会得病！从进洞时，八戒就想用钉耙把没数帮捣个稀烂！可惜，黄金女王来了，他不好意思蛮干，但气还没出呢！

豆一样正要说话，女王伸出手指了一下他。他身上的绳子顿时断成好多段。女王说：“这些绳子总共有9段，你俩轮流捡绳子，每次最少捡1段，最多捡2段，谁拿到最后一段，谁就赢。开始吧！”

虽然八戒的数学有点差，但他能力比较全面：计算速度不快，可还是会计算；不喜欢推理，可还是会推理。关键时刻，他想起师父反复说的话："从简单开始，看上去有点儿笨，其实最有效！"于是，他不急着行动，而是先耐心思考。

他是这样想的：

如果绳子总共有2段，谁先捡，谁赢。

如果绳子总共有3段，谁先捡，谁输。因为先捡的人，无论捡1段还是2段，对方都能捡到最后一段。

如果绳子总共有4段，谁先捡，谁赢。因为先捡的只要捡1段，让剩下的是3段，那对方无论如何，也得输。

这就是说，无论之前有多少段绳子，只要后面我捡完后，还剩下3段绳子——我就赢！

可是，怎样才能出现这样的局面呢？八戒想不出来，只好继续一步步想，但因为有前面的结论，即使一步步慢慢想，也能很快想出结果。

如果绳子总共有5段，谁先捡，谁赢。

如果绳子总共有6段，谁先捡，谁输。

这里有什么规律呢？八戒正想呢，豆一样却先行动了。他捡起1段绳子，捏着绳子甩起来，一边甩一边傲慢地说："该你啦，猪八戒！"

八戒却不生气，因为没时间生气。他很清楚，要想赢就必须集中精力仔细思考："剩下8段，那我就捡2段，因为如果只有6段，谁先捡，谁就输！这可是我刚想明白的！哈哈，你输了！"于是他捡起2段绳子。

豆一样想了想，又捡起2段绳子，一想不对劲，又赶紧扔掉1段，这样，地上就剩下了5段！

八戒毫不迟疑，立刻捡起2段绳子，地上只剩下3段！

轮到豆一样了，很明显他输了：无论他捡1段还是2段，八戒都能捡到最后那段绳子。

豆一样苦着脸，快要哭了。他是怎么想的呢？

他虽然会推理，可是他对数量没感觉，觉得捡1段和捡2段都一样，而在这个任务中，数量特别重要，所以他就没法计划。他先捡起绳子，不是因为有想法，而只是想抢先，之后再根据形势，随机应变。

豆一样还想说话，黄金女王一伸手，断了的绳子又接上了，再次捆住豆一样。悟空一个箭步扑过去，拿起那块又骚又臭曾经堵在自己嘴里的布，麻利地塞进豆一样的嘴里，边塞边说："好好享受吧你！"

黄金女王说："你都分不清1和2，还想横行天下呢，慢慢反省吧！"

八戒哈哈大笑："你还真是没个数！"比赛赢了，他心中憋的那口恶气终于出来了，心情特别爽！

唐僧指着被捆的黑衣大汉，问女王："金妹妹，这些人怎么办？"

女王说："他们都是因为轻信没数帮才有了错误的想法，以至于走到这一步。我慢慢教育，他们都会变好的，不会再危害数学世界。"

听到这话，唐僧放心了，因为他慈悲为怀，不希望这些人有性命之忧。

这时，悟空拉着超罗，走到女王面前："金妹妹，这就是超罗，他可帮了我们大忙，所有的情报都是他告诉我的！"

女王仔细看看超罗，目光中充满了欣赏：“你就是数学世界的未来，我现在正式邀请你一起建设数学快乐中心，你愿意吗？”

超罗的眼睛又亮起来，他激动地点点头：“我愿意！”

贾老汉也凑到跟前，用颤抖的声音说：“我也愿意！”

其他特攻队队员也跟着说：“我们都愿意！”

乘号接着喊起来：“四剑合一！最有价值的旅游景点，即将由翻倍集团倾情推出！”大家一起笑了，又鼓起掌来。

第二天，唐僧师徒四人早早离开九九市，向3号区走去。他们能找到杨二郎和杨大成，治好八戒的病吗？能找到太上老君，把《数学真经》送到人间吗？